THRIFT

Samuel Smiles

财富人生 II

〔英〕塞缪尔·斯迈尔斯 著

吴春雷 译

北京理工大学出版社

BEIJING INSTITUTE OF TECHNOLOGY PRESS

目　录

序　言

本书是《自己拯救自己》以及《品格的力量》这两本书的姊妹篇。实际上应当把这本书看成这一系列书籍的引言，因为节俭是自助的基础，是造就杰出品格的基石。

作者已经谈论过有关金钱的使用和滥用的问题，但是这个问题是值得我们不断探讨以加深人们印象的。正如作者在书中所提及的那样，人们身上所具有的一些最好的品行要依靠对金钱的正确使用才能得以体现，比如慷慨、仁慈、公正、诚实以及深谋远虑等。而人们身上所具有的一些最为恶劣的品行也源自对金钱的不正确的使用，比如贪婪、吝啬、奢侈以及缺乏远见等。

亨利·泰勒曾经说过："勤劳必须从自己的果实中获益，上帝已经指示过：人类应当为获取这些利益而劳动，并且这些利益会使人们的劳动更加甜蜜。"勤劳所获的收入以及积攒的财富不仅仅意味着收入和财富本身，它们应当得到更为明智的运用。人们努力工作不仅仅是为了自己，也是为了那些依靠自己生活的人。勤劳的人必须知道怎么样挣钱、怎么样花钱，以及怎么样攒钱。那些知道如何省钱、如何变得富有的人，如圣保罗一样，都是知识非常丰富的人。

每个人都一定要尽全力提升自己的社会地位，确保自己的独立。因此，为了保持自身独立，人们必须从自己的财富中拿出一部分留作备用。勤劳可以使人们维持生活，也可以教导人们如何生活。只有践行远见、慎重、节俭以及自制的美德，人们才能确保自己的独立。慷慨的本质实际上就是自我克制，要做到公正、慷慨，人们必须克制自己。

本书的目的在于劝导人们如何有意义地运用自己的财富，而不是把钱浪费在自我纵欲上。在实现这个目标的过程中必定会遇到许多的阻力，包括懒散、轻率、虚荣、邪恶以及放纵等。自我放纵是实现这个目标的最大阻力。本书引用了许多的例子，这些例子表明克制自我纵欲的最好方法就是劝导人们践行节俭的美德。

书中的许多内容多年前就已经写作好了，其中的一些已经发表过了。但是由于身体瘫痪，笔者一度放弃了写作，因此这本书推迟到了今天才得以出版。书中的许多资料得益于哈利法克斯市长爱德华·格罗斯利先生、哈利法克斯的爱德华·阿克罗伊德先生、邮政总局的乔治·查得韦德先生、达尔文市的S.A.尼克尔斯先生、米德尔斯堡的杰拉米尔·海德先生、胡德斯菲尔德的查尔斯·W.希克斯先生，以及许多在德哈姆、伦弗鲁郡、约克郡、兰开夏郡、斯塔福德郡和南威尔士的通讯员。作者在此向他们表示感谢。

作者相信这本书会有助于人们实现书中所提及的目标。

1875年11月于伦敦

一则寓言

快到冬天的时候，一只蚂蚱又冷又饿，它来到了一个储备丰富的蜂房前，谦卑地向蜂房里的蜜蜂乞求给它一点蜂蜜。

一只蜜蜂问它整个夏天都干什么了，为什么没有像它们一样储存些食物。

这只蚂蚱说："确实，我将我的时间全花在吃喝、跳舞以及唱歌上了，我过得很快乐，可是从来没有考虑过冬天会怎么样。"

"我们与你完全不同，"蜜蜂说，"夏天我们努力工作，储存下食物来以备在我们预见到的食物缺少的寒冷季节里食用。那些夏天只知道吃喝、跳舞、唱歌的人在冬天就只能挨饿了。"

第一章 挥霍

任何情况下，幸福总是掌握在那些能驾驭自己的人手里。

——J.J.格尔尼

他们的常识跑哪儿去了？哎呀，多么鲁莽啊！早婚、生许多孩子、贫民救济税、贫民院……他们出生，变成可怜人，他们死去……那些文明程度远不及英格兰的其他国家中没有一个像它这么浪费的。

——林登勋爵

永远不要花钱如流水，
上帝的瘟疫来源于此，并且根深蒂固，
玷污我们的人性，
将我们推向毁灭的烈火之地。
要么对此事好好地考虑，
要么被束缚得无法动弹。

——丹尼尔

英格兰是世界上最富有的国家之一。这里的商人是积极进取的，这里的制造者是勤奋的，这里的劳动者是努力工作的。这个国家所积累的财富是过去任何时候所不能比拟的。银行塞满了金子。这里以前还从来没有如此之多的食物，如此之多的财富。这里的工业生产是不会停止的，因为蒸汽机从来都是不知疲倦的。可是，除了上述的这些财富外，这里还有非常多的穷人。跟国家繁荣紧密相连的就是国家的萧条，奢侈的安逸之后就是悲惨的黑暗境地。

议会报告一遍又一遍地告诉我们在我们的工作人群中有某部分人正遭受着苦难。这些报告描绘了那些在工厂、车间、矿山和砖厂工作的人们以及乡村人们的生活。我们曾经试图通过法律的途径来对抗这些人所面临的不幸，但结果让我们哭笑不得。那些陷入贫困的人接受救济，但是他们仍然是贫穷的。那些救济他们的人没有表示同情，接受救济的人也没有心存感激。在给予者与接受者之间没有什么一致的联系。富人与穷人、奢侈者与贫困者，处于社会量表的两个极端，并且两者之间存有一种很大的隔阂。

原始未开化的人中，贫穷的状况是一样的。假如他们那些赤裸裸的欲望得到满足，他们就几乎感受不到苦难。奴隶制时代，贫困是鲜为人知的；仅有奴隶主对使奴隶保持适合劳动的状态感兴趣，并且奴隶主们通常都会留意满足奴隶们的原始需求。只有当社会变得文明和自由并且人们开始与同类相互竞争时，人们才开始知道贫困并且经历社会苦难。在那些如英格兰一样，文明已经发展至顶峰并且积累了大量财富的国家，在舒适与奢侈的直接对照之下，穷人阶层的苦难显得更为严重。

现有的大多数苦难是由于自私造成的—— 一方面是由于积累财富的贪婪心导致的，另一方面是由于浪费、没有远见所导致的。金钱的积累已经成为当今时代人们最强烈的欲望和爱好。国民的财富而非国民的快乐是主要的目标。我们研究政治经济学，并且使社会经济本身改变。尊重“第一”是普遍的真理。高收入被认为是最好的——不管这种高收入是如何获得的或者这样的高收入背后的代价是什么。金钱是我们的上帝，“落后者遭殃”是我们的座右铭。黑暗的灵魂统治了一切。

“贪欲之神牵引他们前行，从天而降的所有精灵中，贪欲之神是最不邪恶的一个。”

至于较为贫穷的阶层——他们为什么成为我们称之为“文明”的一部分？他们当中有很大的一部分是完全不开化的。虽然身处基督教国家，但基督教从来没有影响到他们。他们不开化和不信奉基督教就如同大约一千九百年前的特里诺文特人生活在朱留斯·恺撒登陆的地方一样。然而这些不文明的人就生活在我们当中。圣詹姆斯和圣吉尔斯一起躲藏起来了。在伦敦公园你可以看到人们是怎样崇拜金子的，在伦敦东区你可以看到人类的悲惨能达到什么样的程度。

他们的工作、吃、喝及睡，构成了他们生活的全部。他们从没有想过为明天、下周或者明年作些准备。他们将自己放纵于感官享受中，并且对未来不作任何准备。可能会身处逆境、不幸将要到来以及年老或者疾病后可能无助，这些想法从来不会在他们的脑海里闪现。在这些方面他们跟野蛮部落的人很相像，他们既不知道什么是更好的，做得也不会更糟糕。就像北美的印第安人一样，他们由于伴随文明的恶习放纵了自己，所以没有得到任何好处和利益。

帕瑞船长发现居住在北极附近的因纽特人就像栖息于我们大城市的巢穴里的可怜生物一样未开化。当然，他们是没有远见的。他们通常像原始人一样，从来不节省。他们总是要么大吃大喝，要么忍饥挨饿。当他们发现许多鲸鱼的油脂时，他们会尽量多吃，并且将其余的藏起来。然而他们对自己的浪费并不在意。甚至当他们连续数日没有食物或者燃料时，他们还像往常一样欢乐愉快。他们从来也不想想他们如何才能为明天作些准备。为未来而节省不是原始经济的组成部分。

在文明人中，据说寒冷是节俭的父母。这样的话，欧洲北部国家的一部分财富要归功于它们当地的气候。寒冷使得他们在夏天积攒冬天要用的食物、煤炭以及衣物。寒冷刺激了人们建造房屋并且加以管理。因此，德国人要比西西里岛人勤劳，荷兰人和比利时人要比安达卢西亚人勤劳，北美的加拿大人比墨西哥人勤劳。

已故的纽瓦克议会议员爱德华·丹尼森具有卓越的牺牲精神，将自己的大部分时间与精力都用于感化伦敦东区那些相对未开化的人。他所做的第一件事情就是建造了一座两层的铁制教堂，教堂的一层用作学校以及演说厅，也可以当成俱乐部使用，在那里人们可以读书、做游戏，可以做除了喝酒之外的许多其他的事情。“这个地区什么是恶劣的？”丹尼森说，“是孕育人道精神的惯常条件——人们的道德水平低下，能够催生超越日常吃喝的思想的任何事物的缺乏、教育的极度缺乏、对宗教的完全漠视，而所有这些的后果——没有远见，肮脏，它们也可以被称为犯罪和疾病……没有人为那些正在挣扎的人助一把力，没有人引导那些追求知识的人，没有人能制止那些无法避免的不幸的降临。传道的牧师，”丹尼森接着说，“是明智的、精力充沛的人，他们对人们心智的开化做出了很大的贡献。但是他们把大部分的精力都花在送餐上了，当他们的每一根神经都紧绷在使人们摆脱绝对饥饿这件事情上时，精神方面的促进不能获得更大的进展了，并且这样的事情每个冬天都会发生。在世界上最富裕的国家却有大批的民众由于造物主的自然操作，处于饥饿和死亡的境地，这是多么荒诞的事情啊！怎么样他们才能得救呢？说起来容易做起来难。为什么？在我们父辈们所处的时代，情况并非如此。他们在许多方面都落后于我们，但是他们却不会在每个冬天都看到成千上万饥民的惨状。事实是，我们承认在最近的20年当中我们获得了不可思议的繁荣，但并没有思考它所带来的一些问题，并且没有鼓励我们自己为解决这些问题而做出相当的努力与牺牲。”

但是，丹尼森先生明确说明假如人们所受到的教育足够多，并且被教导实践节俭的美德，许多不幸的事情是可以避免发生的。“这些人，”他在另外的场合说，“他们造成了自身的贫穷与弊病。即使那些最贪婪的人，如果他们以往哪怕是仅仅进行适度的节省与节俭，那么大部分人都可以度过失去工作或者罹患疾病所经历的突如其来的苦难岁月的。在此我并无意低估从每周所取得的收入中拿出一部分来进行节省的困难性，而是在说明这样做是可以的。一位码头工人，在年轻、强壮、没有成婚时，可以将每周工资的一半节省下来，而且这样的人肯定不会失业。”

在说明了已婚的人通过怎样的方式也能节省后，丹尼森先生接着说：“节省是每个人都可以做到的事情，即使是那些处于底层的人。但是如果节省成为人们司空见惯的事情，那么这个城市的贫困与弊病应当能够被控制在一个易于管理的范围之内。并且这样的事情肯定会发生的。我可能在有生之年看不到了，但是通过两代人的努力或许可以达到。不幸的是，人们的精神境界倘若没有得到提高，如此的改变是不可能完成的。积极推行的有关义务教育的完善的法律，无偿辅助个人的努力（所涉及的领域将大大减少，但是前景却更为光明了）将必定带给很多的人光明，引导他们变得非常勤劳，让他们的道德变得更加高尚，并且这也有益于他们一生的身体舒适及身心发展。”

丹尼森先生这样描述英国工人与根西岛居民节俭的不同："在这里，我看到的一切使我们非常强烈地感受到贫穷与被救济者的不同。在英格兰，有些人，当取得高收入的时候过着奢侈的生活，而当他们的高收入不再时，就成为到教区领受救济的被救济者。而在根西岛，人们从来不依靠他人只靠自己，他们按自己的意愿生活，过着一种非常简朴的生活。在那里，如果地主向农民建议要生活俭朴时，他可能会被斥责。那里的可怜的人们，只吃熏肉和绿叶蔬菜，并且一周只能吃一次肉。根西岛农民的主要食物通常是一道汤菜——里面放有甘蓝和豌豆加一点烤油炖煮。这就是那些可能拥有三四头牛、一两头猪及家禽的人的日常菜肴。但是他们会把所饲养的家禽及牲畜所生产的东西在市场上卖掉，然后将所得投资用于扩大土地及增加牲畜或者‘住所’，也就是‘土地租金’。住所证在市场上是容易被买卖的。”

壮志未酬，丹尼森先生就过世了。他仅仅是开了个头。他所深深叹息的由于浪费而导致的不幸仍然存在，并且甚至比以前更多了。不只是工匠们将所挣的全都花掉，比他们更高层次的人也是如此。这些高层次的人就不能像工匠们那样以无知作为借口了。许多所谓的“上层”人与“下层”人一样不可原谅。他们把钱财都浪费在保持外表的光鲜亮丽，满足他们的愚蠢、放荡及恶习上了。

没有人会斥责英国工人缺乏勤劳。他们比其他的任何国家的工人都要工作努力、技术高超。并且在他们所处的那个环境里，倘若能如同他们的勤劳那样，也能够做到节俭的话，那么他们可能过着更为舒适和独立的生活。但是不幸的是浪费却是这类人的弊病。即使那些收入最高的英国工人，尽管收入要高于职业人员，由于疏忽，他们仍然会沦为比较贫困的阶层。在繁荣时期，他们不习惯为将来可能苦难的日子作准备，并且当面临一段时期的社会压力时，他们当中很少有人能积极乐观地度过几周。

因此，技术工人，除非经过良好习惯的培训，在他们身上展现不了比纯粹动物更高层次的生活。工资增加所得的收入只不过是供给他们更多的钱财用于满足自身无法填满的欲望而已。查德威克先生说，在棉花短缺的时候，“一些最可怜的家庭排队去领救济，而他们先前的工资超过了许多教区牧师的收入——也超过了许多工人的工资”。繁荣的时候，那些有工作的人尽情享受，灾难的日子里，他们“忍饥挨饿”。他们的收入，用他们自己的话说，“从水管中来，从桶洞中走”。当繁荣将尽时，他们被解雇，他们靠机会与节省——浪费的节省——度日。

尽管生意会经历繁荣与萧条时期，有其恒定的周期，就像法老梦境当中的胖牛与瘦牛一样，繁荣突现之后，人们会出现厌烦、恐慌与苦恼的情绪。轻率与奢侈的人不会吸取经验，并且不会为未来作更好的准备。浪费似乎是人类最难以纠正的错误之一。“那些小区整个都在生产制造区内，”贝克先生在近来的一份报告中指出，“那里不仅没有什么储蓄值得一提，而且，在失业后的两周内，工人们自己都急需那些生活必需品。”工人们不会发生罢工，而是马上陷入赤贫。他们的家具和手表被送到典当行典当，同时向慈善机构提出不幸的诉求，并且大量的家庭将目光投向了贫民救济税。

习惯性的浪费——当然会有许多的例外——是工匠们堕落的真正根源。它也是社会诸多不幸的源头。但是这些不幸完全是人类无知与自我放纵的结果。因为尽管造物主已经创造出了贫穷，但是穷人并不会且注定也不会必然就真的是不幸的。不幸是道德因素的结果——多数是由于个人的恶习与浪费造成的。

诺里斯先生在谈到南斯坦福德郡的那些收入颇高的矿工与钢铁工人的习惯时，说："用鲁莽这个词来描绘他们恐怕是太轻描淡写了，在这里，年轻的和年老的，已婚的和未婚的，都一样地、公然地过着纵欲奢侈的生活。他们的鲁莽正在损毁、消磨他们身上那些天生的高贵品质。

"他们面对危险时的勇敢近乎鲁莽，他们高强度劳动的能力除了用于弥补闲暇或者欢闹时的损失外很少会发挥出来；他们为患病和已婚的伙伴办聚会的乐意程度似乎仅仅是为了排除预先节约的必要性；他们有着特有的宗教信义，他们是奇特的虔诚的人，定期在矿井里做礼拜——通常最后演变为盲信的宿命论。但是更为痛苦和明显的是年复一年过剩与穷困的更替，所有的人似乎都在彷徨。审判之夜的奢侈狂欢、周日的醉酒、周一甚至持续到周二的拒绝工作，以及在下一个发薪日之前两三周的后一段时间里他们的家里凌乱不堪；他们的孩子辍学；他们的妻子和女儿被安置在矿井口的出车台上；他们的家具在典当行里；他们所在的街道泥泞、拥挤；他们的房子经常会由于渣滓的纷至沓来而全身发出噼里啪啦的声音；没有排水装置，没有通风装置以及定期的水供应——这样的一种状态，与可以确保获得舒适甚至繁荣的收入并存，似乎证明了法律并不能消除恶习。"

我们确实已经进行了许多的"变革"。我们已经获得了投票权并且可以进行投票表决。我们已经取消了工人阶层的棉花、家畜、咖啡、糖以及一般食品的税负，并且将相当部分的税负施加于曾经被取消税负的中层和上层阶层人们身上。然而这些措施对工人生活条件的提高几乎没有什么帮助。他们没有将改革的原则适用于自身，他们没有从自己的家庭里开始变革。然而所有改革的结果是个人的提高，社会上每件错事的根源都是个人的错误。当组成社会的人是坏的时，社会就是坏的。

富兰克林运用其精明的常识评论说："税负确实很重，如果政府所施加的是我们所要缴纳的唯一税负，那么我们可能更易于履行义务，但是我们还有许多其他的税负，并且这些税负令我们当中的某些人更为痛苦。我们所要上缴的税负与我们的懒散一样多，是我们的自尊心的三倍，是我们的愚蠢的四倍。这些税负不是长官们来一次废除就可以放松我们、拯救我们的。"

约翰·罗素勋爵对一群向他请求免税的工人曾有过相似的论述。"你们抱怨这些税负，"他说，"但是想想你们施加在你们自己身上的税负吧。你们每年花在喝酒上的钱高达一百五十万。有哪个政府敢向你们征收那么多的税呢？你们自己拥有减税的能力，而决不用请求我们来做这件事。"

抱怨法律不完善、税负太重将无济于事。贵族统治的政府、暴虐的统治者都不及那些恶习给人们造成的伤害。人们很容易盲从于他们的不幸，而他们的不幸，大部分都是他们自愿的，是他们自己带给自己的——是懒散、挥霍、放纵以及行为不当的后果。对于我们所承受的苦难，抱怨别人要比抱怨自己更符合我们的自尊。但是非常清楚的是那些没有计划、没有规律、没有远见度日的人，那些花光所有的收入，不为将来作准备的人——将来必然会遭受苦难。仅着眼于眼前必定会牺牲未来的财富。对于那些只将"让我们尽情享受，因为明天我们就不存在了"作为自己人生箴言的人来说还有什么希望呢？

所有这些看起来似乎是非常没有希望的，然而事实完全不是这样的。工人阶层的大规模收入是改变的重要起点。教育的逐步普及可以帮助他们很好地运用而非滥用使他们生活舒适的钱财。运用节俭、节省、节约的知识越广泛，将会帮助他们的生活更为严肃、合乎道德和虔诚。丹尼森先生认为“通过两代人的努力”这可能会被实现。社会进步是非常缓慢的。文明的进步是何等的缓慢啊！其教化人的影响力发挥作用又是多么的迟缓啊！在它的效果被充分了解之前需要几代人的努力，而一代只不过相当于文明历史中的一天。这些国家以国家的名义获得生存权利之前它们在战争上花费了大部分的时间。为创立基督教而经历的受迫害时期和殉道时期消耗掉四个世纪，为进行宗教改革又打了两个世纪的内战。经历了长期的悲惨岁月后，农奴们才从封建奴隶制度的枷锁中解放出来。从我们的先辈们盛装之下前赴后继投入战斗的岁月，或者更晚一些的当所有的劳动人民是奴隶或者农奴，随他们耕种的土地一起买卖的时代，一直到我们所生活的这个时代，差距是多么的大啊，对比是何等的令人愉悦啊。无疑的，结束挥霍、放荡和浪费的恶劣影响不应当是如此困难的。

第二章

雇主与工人

人是规则的集合，是捆绑好的包裹，
他的每一个包裹里都装着一个法则。

——乔治·赫伯特

小心谨慎可以保持一个人的所得。那些勤奋做事但不小心谨慎的人，实际上是一只手获得的东西又用另一只手扔掉。

——科尔登

财富的获得，资本的积累，都在那些收入较高的工人阶层的能力范围之内。并且立法对此并没有提供多少的便利也没有设置什么障碍。工人阶层的储蓄额已经很大了，只要他们能更加节制和更加富有理智，他们就可以在他们的下半生成为独立的资本所有者。

——W.R.格雷格

为促使他们的工人养成节俭、谨慎、节制的习惯，雇主们可以做很多的事情。尽管工人们不喜欢别人以高人一等的姿态来对待他们，但是他们也不会拒绝别人的帮助。我们已经看到，个人可以做许多的事情，他们可以培养节省的习惯，可以将他们收入的一部分积攒下来以备需要的时候使用。但是他们缺乏鼓励和援助，他们需要赞同，想要得到帮助。

如果雇主能够充分地认识到他们所拥有的巨大影响力，他们应当给予他们的工人赞同和信任，他们的损失非常小，但却能带来巨大的收益。我们知道，那些关心工人社会福利和提高工人福利的雇主们都受到了工人们更多的尊重，得到了工人热情的回报。比如，雇主可以安排迟发工资，以使得工人们在周六晚上很晚的时候才能去市场，而此时他们在购买一周的物品时，价格就很不利了；而那些有点积蓄的工人可以在任何时候以便宜的价格购物。雇主也可以避免在酒馆里支付工资，这样不会使工人们受到引诱，把钱花在酗酒上，这样做是非常有害的。

但是雇主们能做的事情还不止这些。他们可以通过成立面向所有工人的储蓄银行，成立面向小孩的便士银行，成立节俭俱乐部和建筑协会，成立供给和衣服俱乐部的互助会以及许多其他的方式积极地帮助他们的工人们养成节省的习惯。他们也可以不受官方干扰地，在工人中间宣传有关如何最好地利用他们的收入的方法。许多的雇主已经做了大量的实际好事，鼓励成立了节俭机构——这些机构使他们确保获得了他们工人的尊敬与普遍合作。

同时在雇主和工人之间还非常缺少认同感。事实上，在所有的阶层——穷人阶层、劳动阶层、中间阶层以及上层人士——之间都普遍缺乏认同感。在他们之间还存在着无法跨越无法弥合的隔阂。"如果有人问我，"塔尔福德法官在去世前说，"英国社会各阶层融合起来最缺乏的是什么，我会说，一句话，最缺乏的就是认同感。"这是伟大的真理但却还没有为人们所意识到。它是一个古老的真理，是基督教的基础。"互爱"——这两个字说起来很简单，却包含着足够革新世界的福音。但是在人们被如此割裂，被分成不同阶层，相互之间如此遥远以至于很少能彼此了解的地方，他们不会有适当的社会尊重和体谅，更别说相互之间有真正的认同和喜爱之情了。

慈善事业并不能弥补这些缺陷。给穷人钱、毯子、煤炭以及其他的这类东西——却没有认同精神——这些善举并没有多大意义。大多数的公爵、夫人们的善举都是始于钱也终于钱，没有认同的感觉。他们在对待穷人时没有把他们当作同一个人类大家庭的成员看待，或者是认为穷人的胸腔里跳动的心脏不是相同的人类的心脏。

一方面，雇主与仆人也是处于一种同样的没有认同感的状态。"人人为己"是他们的座右铭。"我不关心谁沉下去，只要我还在游泳。"一个住在小旅馆的人在睡梦中被吵醒，侍者告诉他："街的那一头着火了。"这个人说："只要隔壁的房子还没有着火，就不要打扰我。"一名雇主向他的"手下"说："你尽力从我这里得到你要的东西，我也尽力从你那里得到我要的东西。"但是这永远都不会实现。有一些同情心的人都不会允许只考虑从别人身上得到利益的做法。他必须看到人性中好的一面。

另一方面，工人阶层认为他们的利益与雇主阶层的利益迥然不同。他们想尽可能地为他们的劳动多获得点东西。他们希望劳动力被珍视，以便可以获得高工资。这样，在两个阶层之间既没有互相的认同感也没有友好感情——只考虑到金钱——他们的碰撞成为常有的事情，并且罢工也时有发生。两个阶层，由他们各自阶层的人支持，决定“分个胜负”，因此，我们就看到了破坏性很大的罢工，如发生在普瑞斯顿、纽卡斯尔、伦敦和南威尔士的罢工。

这两个阶层最大的目标就是获益，世俗的获益，而这有时在最后却会产生可怕的损失。互相之间的猜忌普遍蔓延，社会彻底腐烂。补救方法只能是光大基督教的博爱精神以及更多的真正的仁慈。只有这样才能使社会的空气变得甜美、纯净。给钱在穷人和富人之间起不了什么作用。除非他们之间有善良的心灵和真正的人类友谊，否则杰出的塔尔福德大法官在临死之前所深以为憾的阶层之间的不和和咒骂是永远都不能消除的。

一些人宣称缺乏认同感主要是源于竞争的罪恶。竞争是“无情的”“自私的”“有害的”“灾难性的”等。据说它给数百万人带来了不幸和贫穷。竞争可以降低价格而同时又能提高价格。竞争既能给人们提供宽厚的脊背，也能给人们带来沉重的负担。

然而对于竞争来说，既有支持的理由，也有反对的原因。竞争是一种奋斗——必须承认这一点。所有的生命都是一种奋斗。对于工人来说，竞争是一种为了获得更高工资的奋斗；对于雇主来说，竞争是为了获得更高利润的奋斗；对于作家、牧师、政治家来说，竞争是一种为了获得荣耀、名誉或者收入的奋斗。就像其他一切人类的事情一样，竞争也包含着一些邪恶的因素。如果一个人比另一个人更富有，或者一些阶层的人比另一些阶层的人更有钱，他们就会把其他阶层的人落在后面。这并不是说他们把那些人变得更糟糕了，而是他们自己前进了。

停止竞争，只不过是阻止了个人与社会的进步而已。你自己保持在一个停滞不变的水平，你所处的这个社会、社会的一些秩序以及条件都会一成不变。激励的动力没有了，等级制度，带着它所有的危害将会持续下去。停止竞争也就停止了个人的奋斗，停止了个人的进步，并且也停止了整个社会的进步。

在竞争的压力下,懒惰的人也必须不断努力。如果他不努力的话，必定会落于人后。如果他不工作,他将没有饭吃。我的懒惰的朋友们，你不要指望我既做我的那一份工作又要替你完成你应该完成的工作。你必须做你分内的工作，自己攒钱并且不要指望我或者其他的人来避免你进入贫民救济院。有足够的东西给所有的人，但是你必须做你分内的工作。

成功来源于克服困难的不懈奋斗。没有困难，也就不会有成功。如果没有为之奋斗或者争取的目标，那么也就不会成就什么。因此，人们必须努力。我们发现努力的必要性是人类发展——个人发展和民族发展——的主要原因。是它导致了我们时代大多数杰出的机械发明和改进。它激励了造船商、制造商、机械师和熟练工人。它一直是富有生产力的产业各个部门的推动力量。它开发了各个国家的资源——土地资源以及生活在土地上的人们的品格和素养。它看起来似乎对激励每个人的成长和教养都是绝对必要的。它深深地扎根于人们内心，引导他们不断去追求、努力实现那些比他们已经取得的更好、更高的目标。

当然，人类不仅仅是竞争的存在体。竞争仅是人类本性当中的一个，并且不是最高层次、最高尚的一个。人类有情感，有同情心，有抱负，这些可以引导他们为了共同的利益而与别人联合和合作。

伴随着无拘无束的个人主义，就会有而且也应当有为了大家的幸福而进行的有益的合作。人们可以联合起来劳动、生产，并且分享他们共同辛劳的果实。但是在任何情况下都存在竞争的本能、竞争的机会，并且，尽管必然会混杂一些危害，竞争最终的好处必然会显现出来。

勤劳和节俭的一个结果就是资本的积累。资本代表着自制、节俭以及过去的胆识。最成功的资本积累者从来都是从劳动大军中慢慢提升起来的。他们是那些超越了同他们做一样工作的工人并且现在要给别人职位的人。这些人——他们已不再是工人了，因为他们已经不再从事体力劳动了——由于创造和扩大了有生产力的产业的范围，他们必定被看作对人类最有影响力的恩人，因为他们无疑是任何国家力量和财富的重要的一个源泉。没有几代人通过节俭积累下来的财富，技工的命运将会是最不确定的。

没有哪个机械工会像雇用他的业主那样有效利用业主的资金。当不熟练的工人放下他的工具的时候，他损失了价值十八便士的资本；但是当一个熟练的机械工离开他的工厂或车间的时候，他损失的资金有一百到二百英镑之多。熟练工人对所投入的资金不承担任何的风险，尽管他实际上要以因劳动而获得工资的形式分享利益。利润是业主进行管理和承担风险的回报。然而，众所周知的是风险并不总是能控制得住的，正如形势恶化时，公报上用大量的例子所证明的一样。

工作好的工人不易因坏账而遭受损失；他没有陈旧的机械设备，不会时不时地将一些无用的东西留在手里；他不愁为他的产品找销路，不怕相关原材料的价格波动。这些都是他的优势，而他通常不会考虑到它们。事实上，当商业形势不好的时候他遭受损失，但是当商业形势好转的时候，他挣高工资，然后，如果他愿意的话，他可以攒钱。他可能亲身经历公司的逆境和繁荣，但是却不承担任何合伙人的责任。

卡莱尔先生对英国的大制造商们给了一个不同寻常的描述。圣·多利的普拉格森，像海盗似的，对他的工人们说："高尚的纺织工人啊，这是我们获得的一万英镑，用这些钱我打算在我的葡萄园里停歇并且种植我的葡萄园。这一万英镑是我的，每天三先令六便士是你们的。再见，我高尚的纺纱工人，每个人花点钱为我的健康干杯吧，我给你们的钱已经不少了。"

对制造业冒险家的这一描述是一位天才发挥想象力而创造出来的生动的描写。可能会有许多读者相信这番描写来源于现实。当然，有冒险的业主，也有不冒险的业主。有不诚实的制造商，就如同有不诚实的文人、不诚实的酒店老板以及不诚实的商人一样。但是我们必须相信在所有的职业里，诚实是准则，而不诚实是例外。无论如何，我们应当知道制造商真实的情况是来自现实而不是虚构。

我们首先拿兰开夏南部一家知名的大制造公司或者其他的一系列的公司来举例子。我们指的是阿什沃斯先生在伊格顿和纽伊戈尔创办的棉纺厂。它们运营已经有七十多年了。它们不断地扩大，在整个区内以统一的工资雇用的工人的数量也不断增加。工人们每周的收入从17先令到2英镑不等。女纺纱工每周的工资能达到21先令。父母再加上孩子，整个家庭每年的收入会达到100英镑到150英镑。

然后，讲讲阿什沃斯先生为了工人的利益而做了些什么。从工厂成立初期就开设了指导课让工人们参加学习，但是到了1825年左右，工厂的业务量大规模增加，公司的工人数量也大幅增加。在这样的情况下，工厂为孩子们开办了日校；晚上就成了年轻人的夜校，到了周末就成了周日学校。工厂的不断扩大也带来了学校容纳能力的不断扩充。并且，这些都安排完之后，公司又安排了报纸阅览室、图书馆，并且安排了周日做祈祷的场所。而且还给年轻人准备了一个板球场。

一些人经常表达他们的忧虑，他们担心阿什沃斯先生的热情和付出的花费有一天会对他们不利，会给他们带来烦恼和金钱方面的损失。这样的预言只在一件事情上得到了应验。一个非常有才华的年轻人，在还是个孩子的时候，就从邻近的一家工厂转到这家工厂工作，他在学校里进步很快，特别是在数学方面。当1830年那次近年来规模最大的罢工爆发的时候，他成了这次罢工的一个爱管闲事儿的领导者。这次罢工在工厂新进了工人之后失败了，在这个年轻人的鼓动下，新雇佣的工人遭到了一伙狂怒的暴徒的粗暴袭击，并且学校房间的窗户也被打碎了，其他东西也遭到了破坏。

然而雇主们并没有改变他们原有的规划。他们修复了学校的房子，并且努力提高教育的功效，他们相信没有什么能比增加教育更有利于消除无知的愚昧了。在许多家庭里，家人先前都是从事手工织布的工作或是从事放牧，随着时间的推移，他们开始在一项新的事业上进行细致的思考，而这样的思考唤醒了他们的智慧，并且他们通常的行为举止也体现出了接受过更高层次的培养的痕迹。

纽伊戈尔工厂位于一个狭窄的山谷中，距博尔顿有几英里，工厂的财产为业主所拥有。这些业主禁止在当地开任何的酒馆和啤酒店，所以该地区由于当地居民的生活有秩序和头脑清醒而变得很有名气。一个有纵欲习惯的人很难在阿什沃斯村子里待下去。他会被驱离，不是被雇主，而是被当地的人们所驱离。他必须遵从当地节制的习惯，或者是离开当地到一些更大的城镇，在那里他的那些恶习可以在人群中得以隐藏。许多家长都表示了他们的感激之情，因为这里几乎与世隔绝，自成一个社区，他们完全与音乐沙龙和酒店的不良影响隔绝开来了。

业主们还增加了他们对工人的其他义务，比如，为工人们建造舒适的住房。这些房子是由石头造成的，并且是两层的楼房。一些楼房二层有两个卧室，一些有三个卧室。一层有一个起居室，一个客厅，还有一个餐具存放室。房子的周围用围墙围起来。业主支付贫民救济税以及其他的费用，并且这些房子每周的房租从2先令4便士到4先令3便士不等。

工作的规律性以及周五按时发放工资，这无疑增加了工人对当地的依恋。许多来这里的第一代人的后代也留在了这里，他们的社会联系增多了，相互之间通婚成为常有的事情；并且在整个期间没有一起盗窃案发生。工人们与他们的雇主们一样兴旺发达了。他们当中的许多人在储蓄银行里或者其他的一些储蓄机构里都有存款；他们当中的另一些人则把钱投资兴建住房或者其他的各个方面。

但是这些工人已经摆脱了他们的辛勤劳动的纺织工人的命运了吗？他们确实做到了。一些有技术、有才能、善于组织的人已经从劳动阶层中提升起来变成了工厂的管理者。亨利·阿什沃斯先生说："有大约三十个人是在适当时机成为工厂的管理者的，有十个人已经成为工厂的商业伙伴或者业主。"他又补充说道，"我们发现有许多的制造商为改善他们所雇用的工人们的条件而做了大量的事情。没有人会怀疑他们对工人的这些促进不是因为获利的目的，而是因为善意的感情。"

这样的生产商，并没有像普拉格森那样，在聚敛财富之后就逃之夭夭，只给工人们留下很少的一点钱。他们与工人们世世代代在一起。这些生产商当中最好的、最高贵的有特顿的阿什沃斯家的工厂、德比的斯特拉特家的工厂、利兹的马歇尔家的工厂、哈利法克斯的阿克罗伊德家的工厂、胡德斯菲尔德的布鲁克家的工厂，还有许多其他的工厂，几代都经营着他们的工厂。斯特拉特家人几乎被称为是英国制造业先驱的阿克莱特的合伙人。实际上，只有在阿克莱特公开了他的纺纱机的专利、瓦特公开了他的蒸汽机的专利之后，英国才变成了一个制造业国家。

倘若没有制造商们进取、奉献的精神，英国现在会是什么样子？仅靠农业能够养活不断增加的人口吗？如果不是工业区域为工人阶层提供了大量的、挣钱的就业机会的话，在英国，可能会到处都是乞丐，财产遭到侵犯，政体一片混乱，就像法国发生的情形一样。蒸汽机确实被证明是英国的安全阀。它使英国能在欧洲战争中坚守土地。要不是它，英国可能已经沦落到第三、第四大国的位置了。

确实，那些大生产商已经变得富有了。这并不奇怪。倘若因为他们的勤劳、投入以及组织能力而变得贫穷的话，那才是怪事呢。斯特拉特家族、阿什沃斯家族、马歇尔家族以及其他家族的人并不仅仅是为了财富而工作，尽管他们确实得到了财富。他们并不是因为富有才变得伟大，而是因为伟大才变得富有。财富的积累是特别的勤劳、很强的组织能力和节俭的结果，而非特别的收益的结果。亚当·斯密曾经说过："巨额的财富很少是由任何经常成立的、出名的公司创造的，而是人们一生勤劳、节俭以及审慎的结果。"

但事情并不总是如此。例如，布拉德福的李斯特先生，在发明了精梳机之后——或者至少是把别人的发明组合成他自己的完整的精梳机之后——接着发明了一种使用废丝（做丝之后当废弃物扔掉的）的机器，用这个机器可以将这些废丝纺成最细的丝，然后用动力织布机可以将这些丝织成质量最好的丝绒。这是以前任何一个发明家都没有做过的尝试，并且肯定是相当困难的。李斯特先生已经因他的精梳机的成功而赚了很多钱并且可以保证他在余下的日子里过着舒适的生活。但是在其无法压抑的精神的激励下，这位发明家继续制作他的丝织机。在近来布拉德福的一次集会上，当他告诉人们说，近二十年来他从来没有在早上迟于五点半起床时，人们就可以判断出他要克服这项工作中的困难是多么的辛苦了。实际上，他认为在英国也没有哪个人能比他更努力了。最不同寻常的事情就是在有任何成功的可能性之前，他就把许多的钱给花掉了。他几乎陷入绝境，在他的机器能赚一分钱之前，他已经花了36万英镑了。实际上，在他开始做账之前，他注销了25万，把这些钱就当是给丢了。自那以后，他生产丝的专利成了当今时代最为成功的一个专利。

在李斯特先生给布拉德福人民捐建的公园里，近来由大家出资树立起了一尊塑像。这尊雕像是由怀特宏·W.E.福斯特揭幕的。在结束他的讲话时他说："我有些怀疑，我们来这里是来向李斯特先生表达我们的敬意，还是向我们自己表达敬意。我希望向那些使英国变成一个实际的、伟大的、繁荣的和强大的国家的劳动人民表达敬意。正是李斯特先生不懈的努力、务实的理解力、实现他所确定的他认为应当实现的目标的决心以及不怕任何反对和不计较任何阻力的决心——正是这些实用的能力才使英国变成现在的这种样子。我们特别引以为荣的是什么？是这个人所表现出来的勇气；是他做世界上最难做的事情时体现出来的那种精神。他对自己说：'这是一件应当做的事情，在发现如何才能做到之前我是不会停手的。在知道了如何做这件事情之后，能阻止我做这件事情的人在哪里呢？'就是遵循这样的原则他长期奋斗不止。当我们阅读他的奋斗史，1842年以来两项伟大的发明的发明者的奋斗史时，我们为这位赢了这场战斗的人树立了这尊雕像。希望我们所有的子子孙孙，无论是贫穷还是富裕，以后都来赞美他。不仅仅是因为他给人们展示了一位富裕、成功的人士的形态和特征，而且因为他给人们展示了一位勤劳、智慧、精力充沛、勇敢、坚定的人所具有的形态和特征，他不遗余力，在确定了他要解决的问题的状况之后，为实现这些条件，他的心一直没有动摇过，他的意志从来没有松懈过。”

伟大的人物是明智的节省者，也是明智的消费者。孟德斯鸠曾这样描述过亚历山大：“他获得成功和力量的第一个工具是他伟大的天分，第二个是他的节俭和个人节省，第三个是他为实现伟大目标的极大的慷慨。他在自己身上的花销很少，但是为了公共的目的，他的手总是放开的。”据说拿破仑一世跟查理曼大帝一样节约，因此它同查理曼大帝一样伟大。除了在战争中外，拿破仑绝不是个挥霍的人，但是他在公共事业方面却花了很多的钱。在这些例子中，节约与大方被很好地结合在一起了。并且所有有精力、勤劳以及具有强大的组织力量的人也可以做到这一点。

将伟大的生产商和伟大的指挥官作比较看起来似乎不太合适。然而生产商通常需要与战士一样的勇气、一样的才能、一样的组织能力。前者考虑如何才能使他的机工们在工作中有条不紊，而后者考虑如何使他的士兵在战争中有条理。两者都必须具有进取精神、有胆量、有敏锐的观察力，他们都应当是密切关注细节的人。制造商，就他的职务而言，需要成为二者之中较为仁慈的一个。从这个方面来看，我们不仅可以将泰特斯·索特先生看作大企业的首脑，而且可以把他看作大企业的元帅。他曾经被人称为制造商王子。

泰特斯·索特是约克郡一名羊毛商的儿子。早年时期他是布拉德福附近的一名农夫，他对农业是如此的喜爱以至于人们都认为他会一直当农民。然而，他是他父亲羊毛生意的合伙人,在发现邻近地区的制造业扩张非常迅速后，他与父亲解除了合伙关系，并且在布拉德福开始做一名羊毛织工。他是最早发现阿尔帕卡毛用途的人之一。大量的材料——从巴西进口的阿尔帕卡毛堆积在利物浦，却没有买主，直到索特先生购买了一些并且将它们纺成全新的毛织物。然后他买下了所有积压在利物浦的阿尔帕卡毛，还把所有进入市场的阿尔帕卡毛都买了下来，开始进行加工，并最终成立了制造厂。这是索特先生财富的基础。

最终，在做制造商大约二十年之后，索特先生想从事业当中退休了，并且再次从事他所钟爱的农业。他打算在他50岁生日时退休，但是在那一天到来之前（他有五个儿子要养活）他改变了主意，决定再持续一段时间，继续担任公司的领导。作出了这个决定之后，他决心离开布拉德福。因为这个地方已经人很拥挤了，他不想成为拥挤人群中的一员了。他四下寻找适合建造工厂的地方，并最终把新址选在了位于美丽山谷中的一大块空地上。在其前方有从利兹到布拉德福的铁路，其后是从利兹到利物浦的运河，因此把原材料运进或者是将制成品发运出去是非常方便的。他就在那里建立了萨尔泰尔—— 一座象征个人进取、慷慨和智慧的高贵的丰碑。

没有必要描述萨尔泰尔。这个新厂的建筑占地6.5英亩。主厂房有550英尺长，纺织车间占地2英亩，精纺车间占地1英亩。每个建筑都很大、宽敞、结实。工厂的建造费用以及建造工人住所的费用不下145000英镑。

在开业的当天，索特先生在精纺车间里宴请了3500位客人。在宴会上，他致辞道：“看看我的周围，看看这么多的朋友和工人，我不能不为之感动。我身边的这些贵人的出席使我深感荣幸。让我特别高兴的是我的工人们出席……我希望被我吸引到这里的人都能够享受这里美丽的风景，成为收入高、满足、快乐的工人。我已经指示过我的建筑师们要不惜一切代价把这里工人们的住所建成这个国家的一个样板工程。如果上帝保佑我还能继续活下去，我希望看到周围的人都能称心、满意、快乐。”

这个诺言完全被实现了。一直以来，索特先生都受到他的责任感、责任心的影响。当法国政府向他询问有关他工厂的情况时，他说：“在萨尔泰尔所进行的各种尝试都源自于我个人的感觉和判断，从来没有想到它会成为公众注意和询问的目标。就工厂本身，并没有什么需要加以说明的。成立它的目的就是为了节省制造过程中的时间。在材料从一个部门转至另一个部门时，一分钟都不能延误。蒸汽机的每一个马力都要用到极致，每一分钟都要抓紧，这样，工厂的生产能力才能大大提高。”

我们更愿意谈一谈索特先生，或者更精确地说是泰特斯·索特爵士对他的工人在身体和道德方面作出的巨大改善。工厂的计划显示索特先生曾经捐建过一所教堂、一所卫斯理工会派的小教堂，捐助了一个文学和哲学协会。他为孩子们以及婴儿捐建了大型的学校，这些学校都带有很多的游乐场。他给年轻人和老年人捐建了一个板球场、一个草地保龄球场、一个草地槌球场，周围还有娱乐场地。他还为那些拿养老金的人捐建了一个大的餐厅、浴室、洗衣房，一间诊所以及几家养老院。

他的工厂里大约雇用了3000个人，建造了756间房子供这些工人居住。根据住房的情况不同，每周收取的租金从2先令4便士到7先令6便士不等。一些房子被当作供膳宿的宿舍使用。租金包括地方税和税费，还有以低价计算的煤气费。房子是用石头盖的，边上是砖头。房子里有一个起居室或者长屋，有一个厨房或者储物间，一个餐具室和地下室，以及三个卧室。每栋房子都有独立的院子，具有通常的功能。工人们都能够轻松地支付房租。一个工人每周挣的工资从24先令到35先令不等。一个家庭，如果父亲及其六个孩子都工作的话，每周的收入是4英镑4先令，一年的全部收入就是220多英镑。

为工人提供的舒适的房间唤醒了他们内心深处的家的感觉，这使得他们把房子装饰得整洁而富有品味——这是社会幸福的一个确定的标志。每一个到这里来的穷人都知道这些事情结合起来是如何防止恶习和疾病、提高工人的道德素养以及发展他们的智力的。萨尔泰尔的医生莱因德先生说，一个住在肮脏房子里的人就像是穿着破烂衣服的乞丐。不久他就会丧失自尊，当他的自尊丧失殆尽的时候，他也就没有什么希望了。

在萨尔泰尔，教育甚至是更高层次的教育都受到了极大的关注。那里有日校、夜校、互助课、讲座和讨论。音乐——最能赋予人性的快乐的方式——是最受人们喜爱的课程之一。“几乎在镇里的每一栋房子里，都能发现乐器。实际上，合唱队、乐队都已经成了家喻户晓的名字。”当地有一个男人组成的完整的铜管乐队，另外一个是由孩子组建的军乐队。工人们定期在餐厅里举行演唱会和音乐会，由公司派人指挥这些乐队。

除了参与音乐表演外，许多的熟练工人在他们的闲暇时间里都投身于各种各样的科学娱乐上，比如自然历史、动物标本剥制术，制作工具比如气泵、机械模具、蒸汽机以及家用物品，一些人甚至还制作出了管风琴和其他的乐器。

在萨尔泰尔没有酒吧，这样与酗酒相关的一些恶习和疾病就与当地是隔绝的。在萨尔泰尔，贫穷所特有的疾病也是不存在的。每件事情都被考虑到了——排水、清洁和通风。那里有各种各样的洗浴方式——池水浴、温水浴、土耳其浴以及淋浴。洗衣房，能使妇女们不用在自己的房间里洗衣服，是极大的方便——因为在屋里洗衣服是非常有害的，是许多疾病的源头，特别是对年轻人。

这里的工人也是很节俭的。他们将他们的钱存在便士银行或者储蓄银行里，另一些人将钱投入到各种各样的建筑协会、煤气公司以及其他有利可图的事业上。事实上，他们好像是最受宠爱的人。他们拥有所有的便利和必需品，他们还享受每一种正当的欢乐——舒适的家以及吸引他们待在家里的每一个诱因，钓鱼俱乐部、划船俱乐部和板球俱乐部。他们有学校校舍、文学组织、讲演厅、博物馆和教室。其中最重要的是有一座漂亮的教堂以供他们朝拜上帝——难怪萨尔泰尔名声大振，泰特斯先生也在他的同仁们中间声名远播。

许多的业主对待他们的工人也十分慷慨，尽管不像泰特斯·索特先生做的那样壮丽。他们支付统一的工资，帮助和鼓励员工把多余的收入节省下来；为他们的员工成立储蓄银行和便士银行；为了能让工人以较便宜的价格购买到纯正的食品，协助工人成立合作协会；建造有益健康的房子供工人们住宿；为了工人们的孩子能接受教育而成立学校；并且用各种方法帮助工人们提高他们的道德素养和社会地位。

爱德华·阿克罗伊德先生，哈利法克斯的前议员，是对约克郡产生了非常大的影响的另一位制造商，他鼓励工人们养成节俭的习惯。在他所在的那个区里，在接近哈利法克斯的科普利以及哈利希尔，他为他的工人们建造了许多非常棒的房子，并且鼓励工人们把他们的闲钱投入到建筑俱乐部里以建造自己的房子。他成立了合作俱乐部，使工人们能以成本价购买食品和衣物。他自己出资建造了极好的学校，并且自己出钱聘请教师。他建造非常精美的“万灵”教堂（建筑师是吉尔伯特·斯科特先生），包括里面的作品都是他捐献的，供一大片区域的人使用。他为哈利希尔和科普利两地的工人们成立了一家文学和科技协会、一个互助会、一个工人图书馆（他本人就捐献了5000多本书）、一个工人俱乐部和新闻阅览室、一个拥有极好的音乐图书的合唱团、一个拥有一个草地保龄球场地的娱乐俱乐部、一个配有铁环和体操器械的板球场。阿克罗伊德先生还将他的一大块土地分成面积从100平方码到240平方码不等的小花园分配给他的工人们，每块土地上收取的那很少的租金以奖品的形式在每年举办一次的画展上发给那些最出色的种花的人、种树的人和种蔬菜的人。

因此，哈利希尔园艺和花卉协会就成为区域内最为兴盛的协会之一。简言之，为了提升他的工厂所雇用的4000个工人的道德和精神健康，阿克罗伊德先生做了一位明智的、尽责的主人所能做的任何一件事情，而这些工人也确实服从了他的管理。

但是，尽管阿克罗伊德先生作为业主为他所雇用的工人做了这么多的事情，为了人们便于储蓄成立约克郡便士银行，作为公共的捐赠人他所做的事情可能更多。早在1852年，阿克罗伊德先生就成立了一家储蓄银行，以便他的工人们可以将一便士或者更多的钱存在里面。该银行运转如此良好，并且在使人们变得节俭方面发挥了如此好的作用，以至于他萌生了将银行业务扩展到整个约克郡西区的想法。在得到几位富有影响力的绅士的合作后，该计划于1856年开始实施，并且通过了一项成立约克郡便士银行的议会法案。该银行一直持续至今。

阿克罗伊德先生近来为约克郡便士银行的事记写了引言，我们摘录了其中的几段如下：

“思想或者是偶然的建议进入人们大脑的方式有时是很奇特的。它们可能是任意幻想的产物，也可能是来自更高智慧的低语。对于后一个原因，我愿意把今年闪现过我脑海的一个想法与大家分享。我要与大家分享的不仅仅是计划的梗概，许多年来，很多人对这个计划都给予了热切的关注。

“这个想法是这样明智地出现的。在伦敦的时候，在四旬斋期间，我有时候会去白厅听女王陛下的牧师做的四旬斋布道。在所做的一系列讲道中，3月12日由查尔斯·金斯利神父代表伦敦郊区妇女布道协会的附属妇女协会做的那一场布道是非常精彩的。这位牧师在简单介绍了这个杰出的机构之后，他提到了一本叫作《东部与西部》的书，在书中，伦敦的穷人从这个协会里得到的益处被清晰地列了出来。但是他主要谈论了穷人与富人之间、阶层与阶层之间的巨大隔阂。还主要谈论了由于这些原因而对社会造成威胁的风险，就如同近来法国发生的情况一样。这就是这次布道给我留下的印象，在过了许多天之后，我买到了《东部与西部》这本书，并且仔细研读了它。

“根据先前的观察，那些居住在伦敦西区的人的奢侈生活，与居住在伦敦东区或者生活在其他的贫民区的大量的穷人为生存一生都在苦苦挣扎的生活的悲惨对比震撼了我。怎样弥合社会中上下层之间的巨大鸿沟，而又不伤及各方的自尊，是个棘手的问题，而这个问题是亟待解决的。然而，从斯宾塞女伯爵为这部最有用的小作品所做的引言中，我们看到好像这位地位很高的女士及其拥有高贵头脑的同伴已经在一定程度上解决了这个问题，弥合了这条鸿沟。

“因此在这本书的启发之下我开始思考对我们的邻居履行我们的职责，在乡镇或者农村这些人们互相熟识的地方实现教区妇女布道协会的首要目标——‘帮助穷人自助’要比在连隔壁邻居都不认识的伦敦容易很多。‘帮助穷人自助’是约克郡便士银行的主要原则。”

该银行于1859年5月1日开始办理业务。当年年底，也就是银行开业7个月之后，又开设了14家分行。它的分支机构和储户的数量不断增加，储蓄额也在增加。1874年，成立的分行大约有250个，以受托人投资的款额将近40万英镑。

约克郡便士银行并没有干扰到邮政储蓄银行的业务。它具有一种特殊的功能，可以培养任何性别的年轻人储蓄的习惯。对于成年工人来说，它作为存款吸收者也是很方便的。许多人被诱导存钱，因为银行都开在了他们的家门口了。与便士银行的历史相联系的一个显著的事实是年轻人的节俭对那些疏忽大意、纵欲的父母产生了有益的影响。这一事实是值得那些倡导节欲的人加以考虑的，通过使工人把他们的钱存到这些便士银行里，这些倡导者可能比那些只会演说的机构更能产生实际的、有益的影响。比如，阿克罗伊德叙述了以下的几个例子：

“一位保险统计师说：‘所有的年轻的储户似乎都通过把他们的便士存到银行里的方式来理财。并且成年人已经开始效仿他们，而不是把他们的闲钱花在酒吧里，或者以其他愚蠢的方式花掉。一些工厂的机工已经攒了足够的钱可以买下牲畜并开始农业生产了。’

“另一位酗酒的保险统计师说：‘一位酗酒的父亲，因自己在酗酒而自己的孩子却在储蓄感到羞愧，现在也能每周在银行存下半个克朗了。一个臭名远扬的矿工，也变成了一个定期存款的储户，他以他孩子的名义存钱，而在以前他所有余下来的钱都花在喝酒上了。从他开始存钱的那天开始，他的行为举止和性格都发生了明显的转变。另一个例子，一个男孩说服他的父亲（他也是一名矿工）允许他每周存一先令，直到他存了足够的钱可以给他们家每人买套衣服。在此之前，他父亲的所有收入再加上他们自己的收入，都用于喝酒了。’

“一位另一家分行的保险统计师说他见过许多以前都是酒鬼的父母，现在都派他们的孩子到银行存钱。他说：‘当我看到一个以前还从来没有穿过新衣服的男孩，从银行取出钱来，不到两个小时的时间里就穿戴一新，回到学校练习为“受难节”准备的歌，我的心里特别高兴。’在‘受难节’那天‘少年禁酒会’的会场，这位保险统计师要求在场的父母和孩子用举手的方式表示银行是否对他们有益，许多手马上举了起来，一位贫穷的母亲喊道：‘我为我的两个孩子举双手。’

“一名身为父亲的矿工，从酗酒中醒了过来，开始把钱存到银行里，直到他在一家建筑协会所提供的借款的资助下，花了400英镑盖了两栋房子。对于许多人来说，银行就像是密封的蜂房——是存贮财富的地方。当疾病或者逆境降临的时候，他们可以向银行请求救济。

“一名传教士说：‘大约两年前，我遇见了一个人和他的妻子，他俩都是酒鬼。我让他们签了一份保证书，并且从那以后，他们就开始往我们的银行里存钱。当时他俩已经把家里的大部分东西都拿去当铺当了，但是我很高兴地说现在他们已经把那些东西都赎回来了，并且每周都能往银行里存点钱，当存钱的时候，这个人说存钱要比把钱花到酒馆里好。现在他们的家非常的舒适。’

“一天晚上，一个醉鬼来到银行，扔下一便士要求开户，说道：‘这可是六品脱的酒钱，但是我向酒店老板说过他们从我这里再也拿不走像以前那么多的钱了。’现在这个人已经变得清醒起来，并且成了一个定期存款的储户。

“在另一家银行，一个原先莽撞冲动的人在妻子的劝导下将几个铜币存在了这家银行里。他每周的存款增加了，而同时他去酒馆的次数减少了。在不长的时间里，他的账户里有了一笔可观的余额，而这又诱导他将一部分钱放到建筑协会了，因此他就有了第二份资金。在持续存钱一段时间以后，他购买了一块地皮，在上面建造了两栋房子。一栋他自己住，另一栋别人住。除此之外，现在他是一名令人尊敬的商人,雇用了两到三名师傅和学徒为他工作。他是理智、稳重的，并且很受他的朋友和邻居们的尊重。”

还有许多其他类似的例子。一个例子是一个男孩存了足够的钱为他的父亲买了一套新衣服，而这位父亲将他的收入全花在喝酒上了，这使得他和他的家人陷入了贫困；另一个例子是说，在一户人家,孩子们供养了身体虚弱的父母,而并没有向教区委员会寻求帮助。人们存钱的原因各不相同：有的人是为了移民而存钱，有的人是为了买衣服，有的人是为了买块表，但是无论如何都训练了节俭，最后养成了节省的习惯。

一名便士银行的约克郡统计师讲述了下面的这件事情，给分行的经理们也上了有关毅力和勇气的一课："史密斯先生是我们首任经理当中的一个，但是在做了两三次业务之后，他辞职了，说这是'幼稚的工作'，我回答他说：'我们不得不与孩子打交道。'不久之后我碰到了他，在谈话的过程中我有时候表现得很沮丧，不知道我们正在做的事情有什么好处并且想要放弃银行，他亲切地对我说：'看在上帝的分上，你脑子里可决不能有这样的念头了，你都不知道你做了多大的好事，我们这里活着的人里没有一个他的家人不是银行储户的。'"统计师补充说道，"如果阿克罗伊德上校曾经感到绝望的话，我也会这么回答他。"

因此，储蓄银行是做了巨大好事的工具。他们给万千家庭带来了平和的幸福和舒适。阿克罗伊德先生的范例应该得到广泛的效仿，而且在英国的每个县都应该建立起便士银行体系。

第三章 雇主与工人（续）

巧妙地享受财富，

享受财富，传授美德。

——教皇

我的事业并非孤注一掷。既不会只往一个地方投入，也不会将我的全部财产投入，我投入的只是我今年的财富。

——莎士比亚

最崎岖的道路通常通向最近的财富。

——富兰克林

谁能找到一个有德行的妇女呢？她的价值远胜过珍珠。她丈夫从心里依靠她，必不缺少利益……她寻找羊绒和麻，甘心用手做工……她手拿捻线竿，手把纺线车，她张手周济困苦人，伸手帮补穷乏人……能力和荣耀是她的衣服，想到日后的境况就喜悦……她的儿女们一起来称她是福星，她的丈夫也称赞她。

——所罗门谚语

有一些大的雇主一直努力，想把合作的原则运用在制造业业务中，并且想提供给那些为他们过去的繁荣作出贡献的工人分享未来利益的机会。这些雇主一直以来的目标就是要消除资本和劳动力之间的对抗，并且使工人们得到满足。那些已经有所积蓄并且将钱存到储蓄银行的工人正是通过这种方式才变成了原先雇用他们的企业的合伙人。

在哈利法克斯，有两家主要的制造业企业—— 一家是爱德华·阿克罗伊德及其儿子经营，另一家是由约翰·克洛斯利及其儿子们经营——它们都转变成了股份公司。它们做出这种转变的初衷是想吸纳经理、工人以及其他跟企业有关联的人成为公司的合作者。并且根据这种想法，董事们在分派股份时会优先考虑这些人。

我们在上文已经提到过爱德华·阿克罗伊德在约克郡所成就的慈善事业了。现在我们在此介绍克洛斯利企业，他们的毯子驰名世界。我们在此非常高兴介绍他们，因为他们的故事或许可以为本书增添一些趣味——这本书虽然非常有用，但是一些读者可能认为它阅读起来太枯燥。

企业的创立人是约翰·克洛斯利。他属于约克郡一个古老的家族。他的祖父，生活在离哈利法克斯不远的金斯克罗斯，他的父母受人尊敬，他本人接受过良好的教育。但是他对商业不感兴趣。实际上他把大部分的时间都花在打猎和射击上了。然而，他的妻子，性格却截然不同。她勤劳、精力充沛，并且是一名出色的家庭管理者。她不仅养活她自己，还供养她的丈夫和家人。她是通过经营一家寄宿学校做到这一点的——这所学校是哈利法克斯地区最好的学校之一。

她的一个儿子，也就是约翰·克洛斯利的父亲，从小到大都在织毯子。他是从克雷皮茨的韦伯斯特先生那里学到织毯子的手艺的，后来他还娶了师傅的一个女儿。约翰·克洛斯利本人跟叔叔学习织毛毯，等到学成的时候，他就去路登福特的一个大毛毯制造商柯里先生的工厂工作。在这家工厂工作期间，他的主人建造了一座大而精美的房子居住。柯里先生认为自己已经攒下了足够的钱盖房子了，但事实证明他还没有。柯里先生告诉他的工头说他记了一个账本，直到他要盖的房子的成本达到4000英镑时为止。那个时候他感到非常厌烦，以至于他把账本都烧了，尽管房子还没有完工。他说："他所做的一切都是为了取悦一个女人。"——这个女人指的是他的妻子。虽然柯里先生是个杰出的生意人，但是他的妻子却太喜欢炫耀了。她想要住的这栋大而精美的房子毁了她的丈夫。在房子建成后不久，他就去世了，他所创建的企业就土崩瓦解了。

离开柯里先生的工厂后，约翰·克洛斯利到哈利法克斯管理约伯·李斯先生在低乔治场设立的毛毯制造厂。他开始寻找一位妻子，他的求偶经历奇特而有趣。克洛斯利家族似乎一直都有遇到极好的妻子的运气，并且克洛斯利家族的女人们对这个家族的兴盛的贡献并不亚于男人。

玛撒·克洛斯利，约翰·克罗斯利未来的妻子，出生于阿姆勒·索恩沙滩附近的弗利霍尔，她的曾祖父，托马斯·特纳是位农民。他住在施布登，并且他曾经在施布登山谷的顶端的农舍依然存在。大儿子继承了父亲的事业，小儿子亚伯拉罕务农，也织布、做精梳。他婚后育有三个子女——亚伯拉罕、托马斯和玛撒，而年长的亚伯拉罕是约翰·克洛斯利夫人（娘家姓特纳）的父亲。

亚伯拉罕也是从小就开始务农以及制造东西。但是必须记住的是当时的制造业与现在相比规模很小。他后来成了弟弟托马斯的合伙人，制造精纺毛织物品。但是结婚之后，他与弟弟的合伙关系解除了。他成了斯科特农庄的主人并且在那里开始安家立业。

尽管亚伯拉罕·特纳是一方土地的主人，但是这并没有使他感觉到让自己的女儿玛撒出去做事是有失身份的事情。在15岁的时候，玛撒去给沃利的欧德菲尔德夫人当女佣。在那里，她做厨房女工、家务女工以及厨师的工作，另外，晚上以及早上，她还得给四五头奶牛挤奶。她在欧德菲尔德夫人家工作了有10年之久。她的工资刚开始的时候是每周15便士，两年之后，工资涨成了每周18便士，9年之后，工资又涨成了每年6几尼。但是，在那段时间里，玛撒·特纳单靠节俭就攒下了30英镑。

约翰·克洛斯利，克洛斯利企业的创始人，也是玛撒·特纳的丈夫，最早的时候是一名织毯工。一天晚上，在织布机前工作的时候，他正在喝他的“酒”，并且在放他的那个黑色瓶子的时候，瓶子掉在地上破了。他想抓住瓶子，但是却割伤了他的胳膊，伤势如此严重，以至于差点因失血过多而死。他不能再在织布机前工作了，正当他一只胳膊放在吊袋里走路的时候，他的雇主，柯里先生对他说：“约翰，你现在不能织毛毯了，你认为你能绑织布机吗？”约翰回答说他认为自己可以。他试做了一下，对新业务是如此的擅长，以至于他的雇主都不愿意让他再回到织布机旁了。克洛斯利过去常常将这次胳膊的意外受伤当作他事业的转折点。

同时他的求偶事业也在不断进行中，尽管遭到了那位骄傲的农夫——玛撒·特纳父亲的强烈反对。他宣称他是永远不会允许他的女儿嫁给一个纺织工的，甚至是工头也不行。也许他们的爱情故事用玛撒自己的话来说是最好不过了：

“一天晚上，当我去大门口的时候，那里站着一个年轻人，他问我是否想要一个爱人，我说：‘我不想结婚，不想要什么爱人。’然后我就回屋了。我经常看见这个年轻人，但是好多年我都没跟他说过话。他的名字叫约翰·克洛斯利。当我的女主人知道了他要做什么事情以后，她想尽办法让我不要接受他。她告诉我，当她还是个小女孩的时候，她曾经在克洛斯利夫人开办的寄宿学校里读过书，这位经营学校的夫人的丈夫名字叫汤姆·克洛斯利——正是这位追求我的男人的祖父——是她所见过的最放荡、最懒散的恶棍。当她看见他过来的时候，她总是说‘小克洛斯利又来了’。

“一天，我收到一封他写给我的情书，现在我不能逐字重复了。我有几个其他的追求者，但是没有一个像约翰·克洛斯利那样坚持不懈的。他对我紧追不舍，要我接受他。最后他在给我的一封信中说，在他所管理的那家工厂附近的低乔治场有间房子是空着的，在那里见面是很方便的，是一个很好的机会。我告诉他我打算11月5日回家，会经过那里并且看看房子。我这么做了。当我到家的时候，请求父母同意我们的事情。他们当时并没有太过反对，但是我到了欧德菲尔德夫人家才一两天，他们就派我的妹妹格蕾丝过来对我说他们不同意我的婚事，并且说如果我要坚持嫁给约翰·克洛斯利的话，他们将永远不再见我。

“我妹妹一走，我就回到我的卧室，心里感到非常痛苦。我打开我的经书打算做祷告，翻开的那一页上我看到了这句话：‘当你的父母抛弃你的时候，上帝会照顾你的。’这句话让我感觉好受了很多。

我觉得在这件事情上，主是会支持我的，我不再怀疑什么才是正确的选择了……我决定接受约翰·克洛斯利的求婚，并且在1800年1月28日我们结婚了。”

克洛斯利先生做过的最好的事情莫过于娶了这位杰出的、高尚的妻子了。从他结婚那天开始，她就成了他的帮手、他的同事、他的安慰。在丈夫所有的事情上她都协助他，从某种意义上，她是克洛斯利家的支柱。

在约伯·李斯先生（约翰·克洛斯利管理着他的工厂）去世之后，克洛斯利先生与另外两个人建立了合伙关系，接管工厂并继续经营。在合伙人之间出现了一些分歧之后，他离开了这家企业，并且租下了迪恩·克劳夫工厂，在那里他与她的弟弟托马斯和詹姆斯·特拉维斯建立了另一个合伙关系。他们继续从事毛线纺织的生意。同时，约翰·克洛斯利继续做纺纱和染纱的工作，并且管理着他离开的那家工厂的织布机。实际上为老公司染纱和纺纱成了新工厂的相当大块儿的业务。后来，一场危机来临了。老公司抽回了订单，让别的地方的工厂纺织羊毛和染纱。这是一个很大的打击，但是，最终凭借超凡的勤劳、坚持和节俭度过了这场危机——克洛斯利夫人本人在整个过程中全身心地参与到了丈夫的事业中来。

“除了制造毛毯，”她在自己的生平回忆录的手稿中写道，“我们还制造斜纹里子布和背面平纹哔叽布，整个的工作都由我全权负责，包括分发经纱和纬纱以及从织布工那里回收成品。有一次，我们有169个手工织布工人在做这些布品。这些成品主要是销售到伦敦。我们有四台织布机制造松紧带和用来束缚身体的带子，这些产品主要是销售给爱尔兰人，他们把这些产品做成背带，并在爱尔兰兜售。在别人的帮助下，我自己也制作和缝合用于零售的毛毯。我常常在四点钟之前就起来工作，并且由于我的勤劳，在吃早饭之前我就已经赚了两先令了，而那时我的邻居们才刚下楼梯。”

克洛斯利兄弟和特拉维斯的合伙关系维持了20年。当合约到期的时候，几个合伙人分配了他们的积蓄。总金额高达4200英镑，每个人可以获得1400英镑。就他们20年的辛劳工作来看，这些钱并不算很多，但是迪恩·克劳夫工厂当时只不过是个小小的企业，并且每个合伙人都亲自参加纺纱、染织以及织布的工作。克洛斯利夫人说：“这1400英镑来得很有用。”实际上，这仅仅是个开始。约翰·克洛斯利最后买下了整个迪恩·克劳夫工厂，他要养活一个有8个孩子的大家庭，并且他让他大部分的儿子都从事他的生意。而他们也纷纷效仿他们的父母，变成了节俭、有用、值得尊敬的人。

约翰·克洛斯利，企业的创始人，意识到在他的一生中，无论对人对事，他都是一个敏锐的观察家。他说他注意到了邻居们培养孩子的许多失败之处。一些父亲对他们的孩子要求非常严格，让孩子们老是待在家里，对他们所生活的这个世界观察很少，以至于当这些父亲去世时，这些孩子们从所在的桎梏中解脱了出来，他们就像是小牛犊一样出现在这个世界上，发现所有的东西都跟他们所设想的完全不一样。克洛斯利先生发现这些缺乏引导的年轻人不久就会变得野蛮、失落，并且最终堕落。他也观察到了另一种极端的做法——一些父亲如此纵容他们的孩子，以至于他们变得不能容忍生活的艰辛，就像是一只出海的船没有船舵，不久他们就会搁浅在生活的海岸上。

因此，克洛斯利先生尽力避免走这两个极端，他尽可能多地传授给他的儿子们生活的知识和经验。在家的时候，总有一个儿子会在他的身边，而当他要出门的时候，他也总是会带一个儿子跟他一起出去。这样，他们学到了大量的实用的生活知识，并且知道在这个世界上，什么是善，什么是恶。当他们长大以后，他们都能很好地驾驭自己的生活，使自己的生活达到最好的状态。

不必再过多地赘述克洛斯利家族的历史了。约翰·克洛斯利卒于1837年，在其亡故之后，企业由约翰、约瑟夫、弗兰西斯·克洛斯利先生以及巴特经营。弗兰西斯·克洛斯利先生在约翰·克洛斯利去世前几年就已经是约克郡西区的议员了。1857年，他买下了一块好地皮，赠给了哈利法克斯公司做永久的人民公园。捐赠仪式上他发言说他经常跟他的市长朋友讨论有关钱的哲学问题。“我记得很清楚，”他说，“20年前当我第一次跟他讨论这个问题时，我说关于赚钱，我看到了许多的空虚，许多人赚钱是想让钱使他们快乐，但是它就像水上的气泡—— 一旦你抓住了它，它就破了。”他接着说，“假如我出身高贵，或者像在座的一些人一样，追溯我的祖先是那些追随威廉大帝这个征服者的人，无论是多么真实的，这也不是什么好事，如果真这么做的话甚至会被认为是炫耀。但是因为我出身寒微，也许可以允许我说一说那些应该分享我的荣耀的一些人。我的母亲是一位农民的女儿，我的外公生活在自己的庄园里，尽管庄园不是很大，但是却在这个家庭里传承了好几代。我的外公犯了与约克伯相同的错误。约克伯过度重视约瑟夫了，而我的外公也过度重视我的母亲了。我的母亲17岁，是个急性子，她说她在家没有受到正确的对待，不论结果如何，她都决定到外面闯出自己的一条路来。她违背了外公的意愿到外面工作，今天在座的一位先生是我母亲做女佣的雇主的后代，他能到场我感到十分荣幸。我指的是斯托克街道的欧德菲尔德先生，哈利法克斯的监督人委员会的副会长。在做女佣的时候，她一个人要做厨房女工、家用女工以及厨师的工作，另外她每天晚上和早上还得给六头奶牛挤奶。除了这些，她还得把房间保持得像一个小宫殿那样干净。但这些都不足以占用她那双乐意干活的手，当她的主人拿过来羊毛或者是毛条的时候，她就做她在家里很少做的活儿——将每磅羊毛纺成36股，这样除了做完其他的所有工作外，她还为她的主人挣了许多钱。”

弗兰西斯先生继续讲述他父亲的故事（如同他父亲在自己的手稿中提到的那样），直到他父亲接管迪恩·克劳夫工厂，他说：“我的母亲，带着她一贯的精力到了那里。当她早晨四点钟走进院子里的时候，她就发誓：‘如果这个地方的主能保佑我们的话，这里的穷人也应该能受到庇佑。’我认为正是对这一誓言的极大的忠诚与忠贞，才成就了我父亲在事业上的巨大成功。我的母亲总是寻找一切可以实现她的誓言的机会。在过去的这些日子里，给大批的人提供就业机会是一件沉闷的事情，那个时候，她给儿子们的建议是：‘永远不要把自己的商品以低于成本的价格卖出去，因为这样做会搞垮你，而对任何人都没有长久的好处。但是如果你能在冬季继续提供就业的机会的话，你就这么做，因为在冬天工人们回家听到他们的孩子哭着要面包吃，而他们却给不了孩子们，这是一件非常糟糕的事情。’”

现在讲一下弗兰西斯·克洛斯利先生是如何实现她母亲的誓言的。他说：“1855年10月10日，一大早我就从魁北克出发动身前往美国的白山山脉。我记得路过了许多我以前从来没有看到过的美景。到了白山山脉的旅馆之后，傍晚，我一个人出去散了会儿步。那里的确是个美丽的地方。太阳刚刚降落到华盛顿山后，一切都笼罩在落日的余晖中。我感到我好像是在跟上帝一起散步。我问道：‘上帝赐予我东西，我能给所有人提供些什么呢？主啊，你会让我怎么做呢？’答案马上就有了，那就是：‘你确实不能把你留在家乡的那几千人都带到这里来欣赏美丽的风景。但是你可以运用一些艺术和自然的手段使得这些美丽的风景让哈利法克斯的每个工人都能看到。使他们在一天的辛苦工作之后能到那里去散散步。’对我来说，这似乎是个很好的主意。我回到旅馆，并且那晚我的祷告就是，当早晨我醒来时我会感觉到我的想法是合理的，并且我应当在余生里将它付诸实施。那一晚我睡得很香，醒来的时候，我确定了我的想法。10月10日当我离开魁北克前往白山山脉的时候，我还没有建造一座公园的想法，就如同在座的各位没有建造一座城市的想法一样。可是当我到家的那一天，我感觉到要实现我的想法就像是相信我还活着一样确定。从那一天开始，不论遇到过什么样的困难，我都从来没有在这件事上退缩。邀请我来见证努力的结果——人民公园今天开园了。对我来说今天是一个快乐的日子。”

这座公园于1857年8月开园。三年之后，弗兰西斯·克洛斯利先生的一座精美的雕像（由约瑟夫·德哈姆雕塑）被安放在了公园里，以使所有的来人在享受着这丰厚的礼物时，能够瞻仰一下礼物施予者的样貌。这尊塑像的费用是由公众募捐的款项支付的，捐款的人都是各个政党的成员。由于那场把维克多·伊曼纽尔推上王位的意大利革命，雕塑的准备工作被推迟了。当卡拉拉采石场的工人们正在挖用于雕刻这尊雕像的大理石的时候，他们被夹杂有加里波第名字的“自由”的呼声所振奋，丢下手里的工作加入到这位胜利的领导人的队伍中了。在这尊雕像的正面刻有下面的这段文字：“这尊约克郡西区议员弗兰西斯·克洛斯利——人民公园的捐赠者的雕像，由其家乡人民——哈利法克斯的居民于1860年8月14日树立，以此来表达对这位值得我们永远铭记其公共善举和个人美德的议员的感激和尊敬。”

但是玛撒·克洛斯利的“如果这个地方的主能保佑我们的话，这里的穷人也应该能受到庇佑”的誓言并没有因此而完全实现。她是在她的丈夫完全买下迪恩·克劳夫工厂的时候许下这个诺言的，现在她的儿子们已经高尚地实现了她的誓言，1864年，约翰·克洛斯利及其儿子们所经营的公司包括在哈利法克斯、基德明斯特、曼彻斯特和伦敦的所有的工厂、机械、设备、仓库以及存货转变为了一家股份公司。公司成立的主要方案就是吸收所有与该企业有关的当事人的合作，以确保和谐精神以及进入公司的工人、职员、经理以及其他对公司感兴趣的人的物质福利为目标。为了让工人们加入公司的业务中来，许多的钱借给他们用于购买公司返回的股票，并且工人们以很大的热情购买股票。经理和机工总是享有优先权，他们申请认购的股票总是能全额拨付。

这一体制的结果已经证明是完全令人满意的。董事们汇报说："我们获得了确保成功的所有各方的积极参与。他们创造性地运用确保雇主直接利益的方法来主张自己的权利并且他们很高兴能够汇报说这套体制不只实现了他们的最高愿望。"当时，雇主们持有的公司股份大约价值为30000英镑，并且为广大的工人们使用而成立的储蓄银行的存款高达16000多英镑。这样，玛撒·克洛斯利让穷人们也能尝到约翰·克洛斯利及其儿子们的富足的甜头的誓言被完全地、高尚地实现了。

雇主们为他的工人的利益而建立的一个最有前途的合作项目是位于维科菲尔德附近的维特伍德煤矿的由布里格父子成立的公司。该煤矿于1865年转变成了一家股份有限公司。煤矿工人们成为公司繁荣的合伙人——公司每年自然增加的可分配利润，在扣除掉折旧后超过了10%。这部分超额利润的一半当作奖金，在所有的公司员工中，根据他们当年各自的收入比例来进行分配。业主的目标是消除罢工，因为罢工有时会将他们置于危险的境地，并且也为了能使他们跟工人的关系更为融洽。煤矿工人被邀请做股东，这样他们的利益与公司的繁荣就紧密相关了。

这个项目得到了合作伙伴的极大支持。约翰·斯图尔特·米尔先生在他的《政治经济学原理》一书中写道："布里格父子已经迈出了第一步，这些雇主们建立了一种对受雇的工人以及社会促进的一般利益都非常有用的体制是非常值得尊敬的。”休斯议员在参观煤矿之后，表达了他对以伙伴关系运营的煤矿在第一年内就能取得巨大的成功的惊讶。他对煤矿业主说：“我相信，你们采取的这种方式是为英国所做的一大贡献，不久之后你们的做法就会得到国家的感激和认同。”这些推广者也从巴黎世界博览会上获得了称赞，因为他们是“允许他们所有的工人，不管是不是股份持有者，都能参与除了公司的固定比例的实收资本外的所有可分配利润分配的第一批英国雇主”。

仅仅过了几年，这个有前景的工业合作就结束了。要结束合作关系的不是公司的雇主，而是公司的员工。雇主们对近来高煤炭价格期间的利润感到满意，但是工人们对他们的工资却感到不满。如果他们像威尔士的矿工一样自由，他们就会坚持要求高工资，就像在威尔士一样，这对雇主们来说是个灾难。工业合作的体制最终被放弃了，现在工人们为工资而不是为合伙收益工作了。事实是，煤矿工人没有接受足够的教育，无法认识到这种工业计划的好处。尽管维特伍德的一些工人因为节俭已经建造并装修了他们自己的房子，但是工人当中的多数人，在近期的繁荣潮流中，把他们的工资都挥霍在轻浮、奢侈以及放纵的事情上了。

一些钢铁企业为了在他们各自的公司体现合作的原则也做了这样的尝试。这些公司有曼彻斯特的格林宁公司、米德尔斯堡的福克斯–亥德公司。这些尝试在一定程度上由于矿工的贪婪或者懒惰而结束，这些矿工曾经一度破坏了钢铁业的繁荣。格林宁先生的公司带着极大的热情率先进行尝试，就工人们而言结果是相当成功的。他们的许多人表现出了善意的精神甚至是风险的精神，没有什么能比这些更好了。但是不幸的是，合同是由厂方管理的，这导致了一系列的损失，这个计划也在清算中结束了。格林宁先生说："到目前为止销售协会比生产协会要成功得多。"但是他希望"后者能将所有的工人看作资本的合作者，而不是仆人，这样才能使得这个计划更为完美"。

福克斯-亥德公司也同意他们的工人作为企业的合伙人分享利润。他们有一段时间曾经深为罢工所困扰。因为他们的工厂自成立以来有四分之一的时间都在闲置着。1866年，在一次罢工之后，他们采用了合作的体制。该方案的一个条件就是福克斯-亥德公司不能是雇主协会的成员，并且工人也不能加入任何的工会。起初的意图是根据利润支付给工人奖金。他们最终采用了布里格斯先生公司的做法，将超过10%的利润分成两个部分：一部分是资本家的利润，另一部分在那些全年拿工资和薪水的所有的员工中根据他们的收入额进行分配。公司也为工人们提供把钱存在公司的机会，但是在三年的时间里只有一个工人申请往公司里存钱，这个条款很快就取消了。

由于钢铁贸易低迷，在方案实施的前两年没有什么可以分配的利润。然而，给工人支付的工资没有变化，并且他们节省了工会费。工人们建立的合作商店生意非常兴隆，合作方案实施的第三年，在雇主和工人之间分配了2.5%的奖金。工人们的工资还提高了5%。第四年，工人的工资又增加了10%，并且这已经拿走了利润的一大块儿。然而当年雇员们除了得到工资和薪水外还获得了4%的奖金。在当年举行的业务通报会上，亥德先生说：

"有些人可能会认为我们的政策倾向可能过于感情用事了。我认为并不能在感情的原则上做生意，但是我也认为仅仅赚钱并不是生存的唯一目的。我们已经跟在座的许多人打了多年的交道，但是我们还是对你们有相当大的兴趣。毕竟，生命不是长久的。再过二三十年，当我们可能已经被埋于地下的时候，还会有另外的雇主或者工人继续着纽波特轧钢厂的生意，如果我们不对那些与我们联系如此紧密的人产生兴趣的话，那才是奇怪的事情呢。因此，在不违反纪律或者牺牲任何真正的商业原则的情况下，我们坚持我们作为雇主的责任，而你们也承担你们作为雇员的义务，考虑彼此的利益，而且我们每个人都应当尽力维持一个真正的、诚恳的合作。”

煤荒开始对钢铁工人产生影响了。熔炉经常因缺煤而熄灭。煤炭供应不足的主要原因是工作时间的缩短，但工时减少了，工资却提高了。然而，在1871年工人们除了拿到工资外，还获得了3.25%的奖金。合作商店仍然生意兴隆，并且许多会员都攒了一大笔钱。到了1872年，分配的奖金是3.5%，但是合作商店的生意已经有些困难了。但是煤荒仍在继续。雇主们召开会议反对继续提高工资并且抵制工会的活动。

亥德先生竭力敦促工人们要团结，他说：“不要再被工会蒙骗了。尽可能节省一些吧，为疾病时候的日子作一些准备吧——这样的日子迟早会来的；为年老的时候作些准备吧。镇上有免费图书馆，你现在有机会就读读好书。相信别人和你一样拥有坦率和诚实的愿望吧。在各个方面我都要求你们做事合理、坦率、有理智，就像英国工人应当能做到的那样。感激那些知人善用的人，感激那些可能为你带来好处而把自己置于麻烦境地的人，并且要当心由于缺乏认同感，你把最好的雇主赶出了公司，而只留下了那些专制、残暴的人。不要再跟从那些自私自利、盲目冲动的人了。他们一点都不关心是不是把你带进了麻烦之中，只要他们达到自私的目标就可以了。这样的人只不过是盲人中的盲人领导，如果你追随他们，最终将会发现你自己被人抛弃，绝望地、无助地躺在最后一道防线上。”

他的劝导没有起什么作用。名义工资增加了20%，但是奖金却没有了。煤荒仍在继续。业主们没有赢利反而遭受了严重的损失。

钢材的价格下降了，工厂停工了两个月。结果是当业主们下次在公共大会上碰见工人的时候，审计师沃特豪斯先生报告说："今年的毛收入超过了原材料、工资以及交易费用的开支，但这些收入还不够支付合作制下的资本利息、贬值以及坏账储备的开支。因此，我有义务在此宣布目前没有钱给雇主和雇员们发放奖金。"1875年除了宣布说没有奖金发放外，公司没有发布年度业务报告，也不打算再继续维持合作计划了。在采用合作计划期间，雇员们获得的奖金总额高达8000英镑。

从那以后，约瑟夫·惠特沃斯先生宣布他打算用他的利润向工人们发放奖金，但是还没有公布分派的原则。听说他的打算之后，卡莱尔先生给约瑟夫先生写了如下的一封信：

"如果英国所有的工业巨头都拥有像您一样的灵魂的话，那他们就都能去天堂了。在我看来，英国目前的状况有许多的凶兆。资本与劳动力的问题变得更加混乱了，到目前为止使用的方法还无法解决这个难题——特别是有关石油方面的问题，除非一些福音而不是'沉闷的科学'出现来解决它。对我来说，有两件事情是非常确定的。第一件就是资本和劳动力永远不能也不会愿意融合在一起，除非他们两者首先都决定完全忠诚地履行他们的职责，就像有良心和荣誉感的人一样，他的最高目标就是行为举止像忠诚的公民一样，并且服从万能的上帝——人类造物主的戒律。第二件事情就是比煤荒或者其他任何能想象出来的罢工更为悲惨的事情，不严谨地说就是全英格兰的人都认定最有利益的方式就是拙劣地、懒散地、匆促地以及虚伪地做工作。现在和一百年前形成了多么鲜明的对照！一百年前，全英国的人都深知他们的工作——向永恒的主祈祷保佑他们每天的工作，祈祷主帮助他们把工作做好。现在，所有的英国人——店主、工人，所有人的举止都是这样——睡醒之后,没有明说出来，但却在心里对撒旦说：‘哦，帮帮我们吧，你这个虚有其表的、假冒的、渎职的伟大的主啊，帮助我们以极大的慵懒、仓促、利益以及虚伪做我们的工作吧，看在魔鬼的分上，阿门。’”

幸运的是在这封信里并没有大量的真理，也没有去假冒心灵感应的祈祷者。瑞特·宏·福斯特先生应当了解一些劳动和资本的事情的，在近来克博登俱乐部召开的会议上，他说：“经常有人告诉他们说公司里工人和业主又开战了。但是一旦他成了雇主，开始管理员工，那么他就会说雇主和员工之间的关系现在是最好的了。”

已故的弗兰西斯·克洛斯利先生说在国外有许多不合理的想法。一些人认为工人们以最高的价格出卖他们的劳动力是错误的。但是必须记住的是他们的劳动力是他们不得不出卖的唯一的东西，因此能做的最好的事情就是顺其自然。从雇主的角度来假设最低价的劳动力总是最便宜的是非常错误的。如果雇主们没有降低价格的如此强烈的愿望，如果他们能展现出更多的安抚的精神，那么罢工和暴动就会变少了。

“现在和一百年前形成了多么鲜明的对照！”确实存在巨大的差距。一百年前，英国还不是一个制造业国家。我们几乎进口除了棉花、羊毛和亚麻之外的所有东西。我们所使用的钢铁大部分是从西班牙、瑞典、德国和俄国进口的。我们从荷兰进口陶器，从弗拉德斯进口帽子，从法国进口丝，从比利时进口衣服和毯子。在当时还谈不上已经有了我们的棉花制造厂、羊毛制造厂以及亚麻制造厂、机械制造厂。因为我们的煤坑里面有水，所以当时谈不上有煤炭。

一百年前，我们还不能制造蒸汽机，我们几乎不能建造桥梁。看看那些百年前建造的教堂，就会了解我们当时的建筑状况。一百年之前，我们的国家陷入最糟糕的境地。我们没有一个港口，没有一个码头。最广泛的抢劫体系在泰晤士河上盛行，公路上到处都是强盗，居住在高地的人敲诈居住在低地的人，这种情况一直持续到上世纪中叶。

一百年之前，我们的船只是破烂不坚固的。用从监狱船里带出来的犯人或者大白天从街上逼迫过来的人开这些船。一百年前，当詹姆斯·瓦特在伦敦学习制造器械的时候，他几乎不出家门以免自己被抓住并被送到印度或者美国的农场里。不到一百年之前，苏格兰的矿工和盐工还是奴隶。四十年前，妇女和儿童还在煤坑里干活。当然，我们并不是要跪求复原一百年前那些可怕的事情。

一百年前，爱尔兰被当成一个奴隶国家看待，并且那时候对反叛的人实行绞刑或者枪决是常有的事情。驻扎在诺尔的舰队发生了兵变，这次兵变被屠杀和处决给镇压下去了。镇上和城市里到处都是暴徒，行为残忍、语言粗鲁已经到了可怕的程度。在泰伯恩，有五六个人被一起执行绞刑。全国的各个十字路口都有绞刑架，人们完全愚昧无知，他们都被忽视了。“怀疑论”和“无神论”盛行，直到卫斯理和惠特菲尔德起身反对形式主义和无神论为止。人们向他们投掷臭鸡蛋、木棍、石头。一个卫斯理公会派的牧师被鞭打赶出了克罗希斯特。

一百年前，文学处于非常低迷的状态。新闻出版业也处于惨淡的境地。怀特亥德竟然是桂冠诗人！现在还有谁知道他呢？吉本还没有写出他的《兴衰记》，朱尼尔斯是一位流行作家——在他的信件中，他讽刺了政治腐败。上层阶级荒淫、酗酒和粗俗。进入议会的最主要的途径就是最大程度的行贿和腐败。沃希斯特郡的道斯维尔议员在众议院说：“你已经证明了你是一个不虔诚的、猥亵的人。在议会里有六分之一的人在饮酒作乐，他们的语言充满了猥亵、不虔诚以及对政府的谩骂。”

尽管现在酗酒已经够糟糕了，但是一百年之前的情形更是无比糟糕。酒馆的招牌上写着："喝一便士的酒你就能醉倒，喝二便士的酒就能烂醉如泥，并且吸管免费。"酗酒被认为是男子气的标志。深度醉酒成为当时的时尚。能喝六瓶酒的人相当普遍，甚至酗酒的牧师也大有人在。

一百年前，流行的娱乐方式是什么？主要有拳击、斗狗、斗鸡、斗牛、画獾、颈手枷、公开鞭笞、公开处决。温德汉姆先生曾经在议会里为他那里的拳击场的暴徒们做辩护，他认为这种拳击场就好像一所学校，英国人从中会学到勇猛以及"具有男子气概的自卫艺术"。斗牛要比职业拳击残忍得多，尽管温德汉姆认为这种方式可以"刺激英国人的高贵的勇气"。牛被拴在斗牛场（至今许多镇上还沿用这个名字）的木桩上，然后放出一群狗来撕咬它。一个人很难想象出这项运动是多么的野蛮——现场牛的肢体残缺，比畜生都更恶劣的暴徒的咒骂、凶残与沉醉，完全一副亵渎神明的、无法描述的恐怖景象。今天公众的心里对这种残忍的游戏已经完全憎恶了。然而，不到一百年之前——在1802年的5月24日—— 一项旨在废除斗牛的法案在众议院以64票对51票而没有通过——温德汉姆先生争辩说赛马和狩猎要比斗牛和职业拳击更加残忍。

50年前，戴颈手枷还是我们历史悠久的一种体罚制度。犯了罪的人，男人或者女人都被戴上手枷，明智的立法会应当努力将这样的刑法脱离公众的视线。但是因为没有这样做，所以就发生了可怕的场面。男人、女人、小孩都聚集起来向犯人们投掷东西，那恐怖的场景简直无法描述。那个时候，还将女人和最粗暴的男人放在一起实施鞭笞的刑罚。那些"过去的美好时光"发生的可憎的事情几乎都能让尼禄时代自叹不如。

但是斗牛、斗鸡以及其他残暴的娱乐方式已经成为过去了。甚至是连乡村里的足枷、手枷都不适用了。酗酒已经变得声名狼藉了。

那“过去的美好时光”已经一去不复返了，当然，我们希望这样的日子永远不要再回来。除了去酒馆外，现在的工人还可以去别的地方。他们可以去展览馆、人民公园、汽船上、铁路上、阅览室和咖啡厅、博物馆、花园或去听廉价的演唱会。更开明、更理智、更人性化的健康良好的生活取代了原先那些让人生厌的旧娱乐方式。一百年的时间里，我们已经脱离了许多野蛮的倾向。我们仍如以前一样坚强，但我们却少了许多粗野。我们的行为举止更为优雅，但是我们没有失去我们的勇猛、活力和坚韧。我们更加自尊，并且作为一个国家我们得到了更多的尊敬。我们现在为我们一百年之前的行为举止感到羞耻。

英格兰最值得骄傲的成就都是在过去的一百年中所取得的。不论是在国内还是国外，英国的奴隶都获得了自由。强制服兵役的制度也被废除了。议会代表了各个阶层的人民。《谷物法》废除了。自由贸易体系建立了。现在我们的港口向整个世界开放。

让我们再来看看我们的发明家所取得的成就吧。詹姆斯·瓦特发明了蒸汽机，在蒸汽机发明之后不久，出现了许多的新产业，给大量的人提供了就业机会。亨利·科特发明了搅炼法，使英国可以依靠本国的钢铁储备而不必依靠从国外进口甚至是从那些敌意的国家进口了。在这个世纪里，英国的所有的码头和海港都已经形成了。汽船、铁路、电报仅仅是在过去的50年里得以发明和应用的。

关于对英国工人对工作“粗糙、匆促以及虚假”的指责，现在已经不可能是这样的了。我们的港口是自由通航的，向世界开放：如果法国人、德国人、比利时人或者美国人可以比英国人做得更好的话，我们不仅仅会停止出口，而且会丧失掉我们本国的生意。外国人现在自由地在我们自己的市场上以低价卖给我们东西。

自由贸易体制建立后，我们应当充分相信英国人是世界上最好的最诚实的工人。倘若我们变成了制造劣等商品的民族，自由贸易体制将可能被废除了。并且我们会对外国的商品征收禁止性的关税。但是，事实却是每年英国的商品出口都在增加——在总体的世界市场上，英国的工艺不是最差的，而是最好的——并且许多的外国制造商为确保他们产品的销售往往在自己的产品上打上英国的标记。

正是由于英国的工人、英国的工具和机械，欧洲大陆各国的制造业才能得以建立。然而，尽管他们的劳动力便宜，但是若不是这些国家对英国的产品征收禁止性的关税的话，我们就可以占领他们的市场了。布拉西先生在他的《工作与工资》一书中说："我们可以肯定的是，就实用技能来讲，英国人是无法超越的。那些经常乘坐汽船穿越地中海的人会在一群来自各个国家的机械天才中看到英国工程师的身影。"利弗尔领事说在奥地利，劳埃德在特里亚斯特的大型工厂里，雇用了一些英国机械工程师，他们不仅仅在车间干活，还在公司的舰队上做导航工程师。尽管以更低的工资雇用德国人或者瑞士人来取代这些工程师没有什么困难，但是英国人的精准、智慧、对工艺所有细节的完全掌握以及遇到困难时的机智，使他们完全确立了自己的优势。

英国人还是最好的矿工、最好的工具制造家、最好的仪器制造家、最好的造船家、最好的纺织工。布拉西先生说在建造从巴黎到鲁昂的铁路的时候，一起雇用的铁路工人有法国人、爱尔兰人和英国人。在伯尼尔斯的同一个采石场里，法国人的工资是三法郎，爱尔兰人是四法郎，而英国人的工资是六法郎，并且英国人被认为是三者之中最出色的。在英国工人与其他国家的工人一起做事的任何场合，他们的优势都是同样明显的。

毫无疑问，英国工人做工作是"快速的"，但是这是英国机械的一个优点。朱尔斯·西蒙先生说在机械产生之前，体力劳动者一直是有智慧的力量，但是机械产生之后，他就变成智慧力量的指挥者了。正是由于英国机械的快速运转，才有了工人的快速智慧，这样它的主人就能获利，而他与其他大陆国家的工人相比就可以获得高工资了。在法国，一个人可以照看14个纺锤，在俄国，是28个，在普鲁士是37个，而在英国一个人可以看管74个纺锤。由于我们机械的运转速度快，我们才能从印度带回来棉花，在曼彻斯特进行加工而后又把制成品返回到印度，并且以低于印度本土制造的棉布的价格进行销售。

查得维克现身讲述了下面的这个例子：一位杰出的棉花制造商的妻子，一天高兴地去找她的丈夫，拿着一块好像是印度产的平纹细布，这块布是她在伦敦买的，她把布给她的丈夫看，并对他说如果他也能制造出这样的一块布来，那么他就是在纺织业领域内做了有价值的事情。他仔细看了看布，发现这块布是他在曼彻斯特附近的工厂里自己的织布机造出来的，这些布专门销往印度市场。人们在印度买了这块布后，又把它当作稀有的印度产品在英国销售。

我们的驻外领事向政府提交了一份有关文明世界的各个国家的工人阶层的特点和状况的报告。沃尔特议员在近来对工人的一次讲话中提到了这份报告的一部分，他说："在整份报告中，会反复出现一句可悲的话，那就是除了少数人外，外国的工人看起来似乎都不为'他们的工作感到骄傲'，也不（用一种特别的表达方式）'将自己的个性融入工作当中'。"在报告中还提到了一个国家的特殊例子，这个国家已经是这个不幸规则的特例了。瑞士以教育和钟表闻名于世。但是报告中的这段内容却显示出倘若没有我们这里的人所具有的那样高尚的品质的话，仅靠知识和技能是不够的。报告中说："在一些业务中，瑞士人是能干的，并且对他们的工作也有热情。因为，他们的受教育程度高，他们能够完全了解他们严格履行职责可以给业主带来利润，同时也能给他们带来间接的好处。否则就会发生像近来在伯尔尼·斯侏罗的圣埃米尔发生的事情，并且会产生深远的影响。在过去的一些年里，这个地区所制造的钟表的质量一落千丈，因为当地的居民发现降低质量、增加产量的做法要比遵守古老的行业规则更能赚钱。他们之后的超乎寻常的繁荣持续了相当长的一段时间，但是最终他们的钟表的名声越来越坏以至于变得滞销，结果这个地区的钟表制造商都普遍破产了。”

但是通常还是要说一说外国工人的一个方面。尽管他们不如英国工人工作努力，但是他们却更用心地打理他们的收入。他们非常节俭，法国人要比英国人更节欲，举止更优雅。总体来看，他们要比英国工人更有远见。布拉西先生曾提到过当巴黎至鲁昂的铁路开工的时候，承包商曾试图运行一套每两周支付一次工人工资的体制，但是在运行后不久，法国人就要求一个月支付一次工资。

雷德先生，这条铁路线的总经理告诉众议院的铁路工人委员会说法国工人要比英国工人独立得多，受尊敬得多。为了支持自己的观点，他说了这样一个突出的情况，那就是法国工人按月支取工资，而英国工人希望每周六晚上能发工资，并且到下个周三的晚上之前，他们就想为他们这周的工作得到什么东西了。“没有什么方法比看一个工人一个月不拿工资是否还能生活下去更能测试出他的可敬程度了。”

尽管法国人没有英国人那样的储蓄便利条件，但《辩论报》声称：法国人的储蓄额已经十倍于英国人的储蓄额了。在法国仅有一千来家储蓄银行及其分支机构，然而去年那些属于低等阶层的两百万法国人就在储蓄银行里存了28万英镑。但是城市的法国人更喜欢把钱投在政府年金上，而乡村的法国人喜欢投资于土地。无论如何，他们都是节俭的，因为他们在很小的时候就接受了相关的教育。

第四章

入不敷出

决不要欠债，要量入为出。

一年20英镑无法过活的人，40英镑照样无法过活——因为他是一个喜欢享受的人。

这样的享受对他来说太贵了。

——乔治·赫伯特

能对善与恶作出正确评判的人就是生活的巨人。

——杰罗尔德

一百年的烦恼都不足以还清一法寻的债务。

——法国谚语

对于那些可以支付现金的人来说，保持体面是一件好事，但是对于那些为了体面而欠债的人来讲就不是这样了——它足以使天使心碎。

——杰罗尔德

奢侈是弥漫于现代社会的罪孽。它不仅仅只流行于有钱人阶层，而且延伸到了中等阶层和工人阶层。

从来也没有像现在这样如此急切地想要成为富人或者看起来成为富人。人们已经不再满足于靠诚实劳动获得的收入，而是把目标定为一夜暴富——通过投机、赌博、打赌或者欺骗。

一般的奢侈行为随处可见。特别是，它已经成了城市人生活的特征。你可以在大街上、公园里、教堂中看见它的存在。穿戴奢侈仅仅是它的一个标志。挥霍成为社会中普遍存在的现象。人们过着入不敷出的生活，其结果就是商业失败、公司破产，并且在法庭上，许多商人因没有诚信和欺诈行为被判有罪。

外表必须加以修饰，必须表面看起来富有。虚伪容易让那些意志薄弱的人屈服。人们现在必须以某种方式生活，住漂亮的房子、吃丰盛的大餐、喝美酒、有华丽的马车乘坐。或许要获得这些他们只能靠奸诈或者欺骗，每个人都惊异于雷德帕斯和罗伯森的大方和生活方式，但是现在即使不是有成千上万个雷德帕斯和罗伯森那么也有成百上千个那样的人了。

还有另一个阶层的人，虽然不欺诈，但是奢侈，那么他们也就在变成欺诈的人的边缘上了。他们依靠他们的财富生活，但是经常超支。他们想让别人认为他们是“值得尊敬的人”。他们根据“一个人必须跟其他人做的一样”那句有害的格言生活。他们没有考虑他们是否会入不敷出，而是认为必须获得其他人的“尊敬”。在做这些的过程中，他们通常会牺牲他们的自尊。他们把他们的衣着、他们的房子、他们的生活方式以及他们的符合潮流当成检验他们是否受人尊敬以及他们的社会地位的唯一标准。他们生活在世俗的眼光里，尽管这完全是虚假的、错误的。

他们决不会表现出贫穷来。他们必须尽一切可能隐藏他们的贫穷，他们在挣到钱之前就把钱花光了——结果是欠了杂货店、面包店、女帽店以及肉店的钱。他们必须款待他们那些时髦的“朋友”，而不惜牺牲店主的利益。然而，当不幸来临或者债务变得很多时，这些“朋友”会怎么样呢，他们会逃得远远的，躲开他们这些负债累累的人。

然而，在那些有勇气说“我买不起它”的人面前，贫穷就会大打折扣。酒肉朋友根本没什么益处，只不过是能表现出人类到底能堕落到何种势利的程度。什么是“串门的朋友”？他一点也不能提高一个人的社会生活甚至是物质生活水平。成功主要取决于性格及每个人所得到的尊敬。如果在成功之前就想尝试攫取成功的回报，那么形成一半的立足点就会马上消失，并且这位怀抱大志者就会跌落下来，无人惋惜地掉进债务的深渊里。

戏剧中讲究礼节的人只不过是世界上传统主义的一种反映。风俗、习惯、时尚、惯例和需要在她身上都能体现出来。她可能是一个非常粗俗、非常一般的人，但是她的力量却是非常之大。我们在任何事情上都模仿她。我们被钉在了她的围裙上，我们听从她的吩咐。我们是懒惰的、讨好的，害怕招来她的恶语相向。“她们会怎么说呢？”这种想法扼杀了许多高尚的念头，阻碍了许多自我克制的行为。

似乎存在着一种普遍但察觉不到的阴谋在挑衅着每个人的个性

和气概。我们不鼓励自力更生，却要求一致。每个人都必须以别人的眼光看事情、以别人的思维想事情。我们是风俗、惯例的盲目崇拜者，我们向后看，而不向前、向上看。受无知和软弱的约束和阻碍，我们害怕独树一帜，害怕为自己思考、为自己行事。传统主义统治了一切。我们害怕迈出去走进独立思考或者独立行为的自由空气中。我们拒绝根植于自己的本能，并且为我们自己的精神自由而辩护。我们乐于享受别人的果实，而不是我们自己的。

在处理个人的事务中，这样的思想同样是有害的。我们按照社会的指向生活，每个人都按照我们阶层的标准生活。对风俗，我们有一种近乎迷信的尊敬。我们按照礼法吃饭、穿衣。根绝阶层的观念，只要我们这么做了，我们就是“值得尊敬的”。许多人都睁大眼睛留意着悲惨的境遇，只是因为再没有比对“世界”的愚蠢的恐惧更好的理由了。他们害怕“别人会怎么样说他们”。并且，十个人当中就有九个不是聪明的或者富有远见的，而通常是愚蠢的、自负的、目光短浅的人。

威廉姆·坦普尔先生曾经说过：“一个人的脑子里总不停地想着要变成别的人，总想要获得他们没有的一些东西，这就是所有罪恶的根源。”这种说法是非常正确的，这已经为普遍的经验所证实了。

装门面是这个时代最大的社会弊病之一。这是普遍的现象，特别是中层和上层人士中间，他们都努力想让自己看起来似乎不是他们自己。他们装门面，过着虚伪的生活，并且尽力让自己看起来要比他们实际的情况要高。

“体面”是一个主要的目标。“体面”就其真正的含义来讲，是值得追求的。因正当的理由而受到尊敬是每个人都有权利获得的。但是现代的体面指的是外在的东西。它指穿好衣服，住好房子，过气派的生活。它注意外在的东西——声音、举止、外表。它聆听金币在口袋里叮当作响。现在的人可能是很“体面的”，但是同时也是可鄙的。

这种错误的、使道德败坏的习惯产生于人们对自己的等级和财富的自负的估计。每个人都想跻身于比他更高的阶层。最卑微的阶层和最高阶层的人一样，等级制度的作用一样大。在伯明翰，有一个俱乐部的人都穿燕尾服，而另一个俱乐部的人没有，前一个俱乐部的人就看不起后一个俱乐部的人。科比特，他的绰号是如此的恰当，称呼他的政治对手萨德勒先生是“亚麻布商”。但是在这位亚麻布商之下还有许多人。他看不起那些零售商，而零售商看不起机械工，机械工又看不起临时工。在男爵身后露出小腿的男仆，也在酿酒商的男仆面前，把头抬得高高的。

无论你是从哪个阶层出身，或者不论你的社会等级有多低，你都会发现每个人的下面还有其他人。在中等阶层人士中，这种排他性是很明显的。每个圈子的人都认为与比他们低级的圈子的人打交道是有失身份的事情。在一些小城镇和小村庄里，你会发现不同圈子的人彼此保持距离，他们都可能瞧不起对方，经常恶语相向。一个教区所辖的镇上，通常至少会有这样六个级别不同的阶层。

每个人都有属于他的排他性的圈子，圈子里的人不允许那些被认定是低等阶层的人进入他们所在的圈子。同时他们又努力想跨越横在他们上面的进入更高层圈子的那条社会阶层分界线。他们渴望跳跃它，想进入那个比他们自己的圈子更为排外的那个圈子里去。

为了能向上爬，一些人不顾一切，甚至为了达到目的而使用一些卑鄙的方法。我们必须得到社会的尊敬！并且，为了这个目的他们必须富有，或者起码看起来是富有的。因此，人们为气派的生活而奋斗，为表面的富有而努力装扮，就形成了中层人士和上层人士生活中的碰撞、闪光以及表现。也因此形成了形形色色的后果，如令人生厌的乌七八糟的品味、缩水的心灵、退化的智力以及愚蠢、轻浮和疯狂。

一个现代社会精心安排的最能使道德败坏的做法就是“大党”体制。人们的房间里积满了受人尊敬的暴徒，这是遵循了一个荒唐的风俗。具有离奇思维的卢梭说：“我宁愿住一天的小房子，也不愿意住一年的大房子。”但潮流刚好跟他所说的相反并且家庭的灾祸通常都是始于住大房子。灾祸的根源在于我们从来不从比我们地位低下的人当中找参照物，而总是与比我们地位高的人相比较。

与其说是纯粹的装门面使道德败坏，还不如说是为保持社会地位而采取的方法是使道德败坏的原因。一个人拥有了某个阶层的地位，他就会冒一切风险来维持这个地位。在他们看来，减少对奢侈品的私欲会被认为是一种堕落。那些看起来富有的人乘密闭的马车、喝香槟酒，不会容忍堕落到乘轻便二轮马车、喝一般的啤酒。体面的人，如果他们有轻便二轮马车，他们会认为徒步或者乘坐公共汽车从他乡间的家到城里的办公室是一种堕落。他们宁愿在道德上堕落也不愿意在面子上做降低身份的事情。他们宁愿放弃真诚，也不会放弃那份大大的愚蠢——“这个世界”嘲弄的鼓掌和虚伪的尊敬。

每个人都能够想出成百上千的“体面的人”的事例——这些人为了保持他们那世俗的声誉，他们从一种奢侈走向另一种奢侈，恣意地挥霍不属于他们的财富，在敬仰他们的人面前出风头。所有的一切都在一次突然的经营失败、一次可怕的衰败、一次完全的破产中毁灭了，可能还会造成成千上万人的灾难。因为这些人最终以每英镑的代价获得了六便士的红利。这么说也不过分，那就是事实上，使商业交易蒙羞的靠虚假和欺骗来的钱中，有六分之五原来都花在了那“装门面”的病态道德上了。

为了能做到虚假意义上的“体面”，有什么是不能牺牲的呢？和平、真诚、真理、美德——为了装门面，这所有的一切都可以牺牲。我们必须欺骗、隐瞒，以使“这个世界”看不到我们面具后面的真正面目。我们必须折磨、奴役我们自己，因为我们必须得到“这个世界”的称赞，或者至少是获得“这个世界”的好评。

自杀通常会追根溯源到这种虚假的情结。爱慕虚荣的人宁愿放弃自己的生命也不愿放弃他们那体面的阶级观念。他们宁愿放弃生命也不愿意放弃时尚的生活。很少有人自杀是因为真正的贫困。约耳·巴罗说：“我从来没有听说过有人因为缺少一块儿面包而自杀的，但却经常听说有人因为缺少四轮马车而自杀。”

在这种卑鄙的、可悲的阶层和等级观念之下，女人成了特殊的受害者。她们从小就形成了一种错误的生活观念，并且大人们教育她们在判断一个男人和事物时要以外在的东西为依据而不是他们内在的价值。她们所受的教育主要是为了取悦别人或者是获得别人的钦佩而不是提高和发展她们的思维和心灵。她们被灌输的都是排外、时尚以及装体面的观念。拥有一个体面的社会地位成为她们所追求的目标。对她们来说犯罪或者邪恶不比“举止粗俗”更为可怕。禁锢在排外主义的监狱里，女人成了所有的风俗、时尚、装体面诸如此类的琐碎的变化或者权宜之计的俘虏。她们天性当中的真正的仁慈被腐蚀掉了，她们的心胸也变得狭窄了。她们幸福的最高来源——所有等级的人所拥有的人性的、仁慈的同情心——就像一口井被堵上了、一眼泉水被封上了一样。

在所谓的“时髦的社会里”，光亮的外表就会被等同于美德，这难道不是事实吗？——富有，或者拥有富有的外表被视为是一种高层次的美德。然而，贫穷，或者看起来贫穷，将会被视为是不可原谅的过错。这正是阶级意志的无情。一个出身较高阶层的女人，由于遭受不幸或者家庭变故，必须凭借自己生活了。她努力用自己诚实的双手挣得自己诚实的面包，很快，她就失去了她的等级，实际上她是被从“体面”的社会里驱逐出来的。独立的决心——占据人的心灵的最生气勃勃的决心——在这样的圈子里却被讥笑为是有失身份的事情。那些从小到大都生活在时尚的光环里的人将会陷入最严重的贫穷而不是在他们的阶层和等级体面方面遭受损失。

在这种环境下长大的女人，与男人一起维持这个时代的奢侈就不足为怪了。还从来没有哪个时候的英国妇女能像现在的英国妇女这样对着装和时髦狂热的。与法国路易十五时代的腐败和荒淫都不相上下了。不管女人本身怎么样，而按她们的装扮划分等级。着装的奢侈，并且着装几乎是下流的，已经取代了简朴的女性美。沃兹沃斯先生曾描绘过“高贵的完美女人”。现在在哪里能找到这样的完美女人呢？衣服颜色各异、装束过多的女人——戴假发、涂脂抹粉、带假睫毛、任何东西都是假的女人都不是完美的女人。造物主创造了她们，但是没有把她们造好，她们用如此令人讨厌的方式模仿人性。

这种罪恶并不是只存在于有钱的阶层，它还延伸到了那些除了工资之外无所依靠的人那里。它延伸到了职员和店员的妻子们身上。她们也为了体面而着装。她们的支出超出了她们的收入。她们必须居住在华而不实的郊区别墅里并且要“举办晚会”。她们必须去剧院看看在演什么戏。每一法寻刚挣到手马上就被花掉了——有时候是钱还没有挣到就被花了。丈夫没有为自己办理寿险，而妻子负债了。如果丈夫明天就去世的话，他的妻儿将会身无分文。而他在辛勤劳作的时候应当已经攒下的钱却被花在了“维持体面”上了。如果这位挥霍的丈夫身故后能留下一些钱的话，他们通常会给他举办一场体面的葬礼。

“那件衣服付钱了吗？”一个丈夫问道。“没有。”“那你是允许自己用别的男人的钱买衣服了。”在丈夫不知情或者没有经过丈夫同意的情况下，任何一个女人为一件衣服而负债是不合乎情理的。如果她这么做了，那就相当于她用布商的钱给自己买衣服。这是那些尽力保持不欠债的男人的一件烦心事，并且这已经足够让他反对他的妻子和她的奢侈了。正是因为这些开支,收入都被胡乱地挥霍掉了。并且生活陷入了痛苦、不满的境地。特别是妻子和丈夫两人都同样地挥霍的话，那情况更是如此了。

自己负债或者是允许自己的妻子负债，就等于给了别人支配自己自由的力量。你都不敢直视你的债主。敲门声都会吓到你。邮差可能会传给你一封要求你还钱的律师信。你付不了这笔钱，找了一个卑怯的借口，编了一些不付钱的理由。最终，在逼迫之下，你开始彻头彻尾地撒谎，并且这样的撒谎是“骑在债务背上的撒谎”。

因奢侈而举债是多么疯狂的行为；我们购买那些很好的东西——我们所支付不起的好东西，我们可以在六个月到十二个月之后再付钱。这正是店主们的引诱之举。但是我们屈从了。我们太过沮丧以至于无法依靠我们的收入生活，而是必须同时依靠别人的收入生活。罗马人把他们的仆人看成是自己的敌人,人们也可以这么看待现代的店主。通过赊销，让那些女人购买好衣服，这些店主在女人面前设置了重重的诱惑。他们诱骗那些原本诚实的男人的妻子借债，然后再递给他们虚假的账单。他们索要高价，并且他们的顾客支付高价——有时是两倍的衣服钱。因为要检查已经很长时间了的账目是不可能的。

纽曼教授的建议是值得我们采用的。他说：“我衷心地希望，根据法律，商店的债务应当在账款无法收回的一段确定的时间之后公布出来。这样的结果是没有人会要求商店赊账，除非店主非常熟悉他并且赊账的钱数很小。所有的价格都将降至现金交易的价格范围之内。那些时髦的赊账人总是付钱太迟，并且店主会把亏空额以高价的形式施加到其他的顾客身上，这样的体制很快就会消失。而这样也会消除了店主的许多忧虑。这些忧虑毁掉了千万人的幸福。”

下面的这篇祈祷文体现了对人类天性的充分了解：“不要将我们引入诱惑之中。”在诱惑开始出现后，没有哪个男人或者女人能够禁受得住它的诱惑。抵制诱惑必须依靠人们的习惯。那些犹豫是否应该欠她本不应该欠的债的女人已经迷失了自己。那些为主人的金子而沾沾自喜的人迟早会侵吞它。在他克服了那些不能得到它的感觉之后他就会这么做。这样这些人巧妙地做出的一些微不足取的行为就会构成人类道德行为的一大部分。

这种负债是不诚实的一个很大的原因。无论债务是什么，是没有清算的赌注、玩牌输的钱还是女帽或头饰店、布店未付的账单。那些接受过良好教育、接受过良好培训并且老老实实赚钱的人，却经常把钱花在装面子、打赌、投机和赌博，以及两性的无节制的交际等这些奢侈的事情上。

本书的作者多次看到过行为良好的年轻人被领到邪恶和犯罪的道路上的事情。有一次，一名职员假冒他的名字，获得一笔钱来支付他在酒馆欠下的钱。这个罪犯原先是一个接受过良好教育，有相当的能力、良好的社会关系的年轻人，而且他还娶了一个体面的年轻女士为妻。但是，在他迷恋上喝酒和玩牌之后，所有的亲人和朋友都被遗忘了——妻子和孩子以及其他的所有人。他受到了谴责，并被判处几年的监禁。

另一件事情当中，犯罪的人是一名不赞成英国国教教义的牧师的儿子，他偷了一些机密的文件去卖钱。他逃跑之后被人跟踪。有人透露了他将要从南安普顿去澳大利亚的消息。整个半岛和驶往东方的汽船都被搜查过了，但是没有发现他的行踪。一段时间之后，他带走的一张英格兰银行的本票被从都柏林寄了回来。一个侦探去调查他的行踪，在底层的一群人中发现了他，并把他带回了伦敦进行审判，被判了12个月的监禁。

另一个例子当中，罪犯在一家铁路公司职务很高——他被提拔为了瑞典皇家铁路公司的经理。他就是那些为装门面而不顾什么诚实、道德或者美德的无数人当中的一个。与许多装面子的人一样，他背负了沉重的债务，并且变得不再诚实。他成了专业窃贼的同伴。他从自己负责的办公室里拿出来一把钥匙，并且把它交给了一个大名鼎鼎的窃贼。这把钥匙正是存放经由铁路从伦敦运往巴黎的金银的箱子的钥匙。窃贼拿到钥匙后用石蜡做了个钥匙的模子，并且复制了一把铁制的。用这把钥匙，这名窃贼制造了“黄金抢劫大案”。在窃贼们被逮捕一段时间之后，那个偷钥匙的人——那个装面子的人，也就是瑞典皇家铁路的经理也被捕了，被认定有罪，由马丁勋爵宣判为终生流放。

已故的新兴门监狱的传教士出书介绍了他所注意到的导致年轻人犯罪的原因，其中的一部分如下：

“我认识一个年轻人，他是一位海军军官的孩子。这位海军军官为国家立下了卓越的功勋。但是他过早地去世使得他娇生惯养的儿子在政府部门谋得了一个职位。他的收入都全部忠实地交给他的母亲，并且当他想到自己正在帮助母亲，使她心里高兴的时候，他就感到快乐和自豪。她还有其他的孩子——另一个年纪小的女儿，刚刚从摇篮里爬出来。她那为数不多的抚恤金以及儿子的薪水使家里的每个人都感到开心。但是当这个年轻人迷恋上奢侈的装扮时，这样的快乐就结束了。他并不知道一个纯洁的心灵的真实美丽实际要远远胜过装饰而来的外表美丽。他乐于帮助他的母亲和妹妹们，但是当他想到他做这些事情他的穿着在一段时间之内却会比不上他的同事的时候，他就不那么快乐了。他的衣服看起来可能有一点旧，但是它们就像是一个士兵在执行完任务之后衣服上所留下的污点一样。它们并不是疏忽大意的标志，必然性造就了它们，它们也是荣誉道路的标志，并且没有这样的污点，责任必定就被忽视了。但是这个年轻人没有想得这么深远。他为自己破旧但是整洁的衣服而感到羞耻。别的职员那时髦的、崭新的衣服使他感到羞辱……他想要自己看起来更好一些。在一个邪恶的时刻，他从一个时髦的裁缝那里定做了一件衣服。他的地位和社会关系使他获得了短时的付款期。但是裁缝的钱是必须要付的。裁缝一次又一次地要他还钱。为了摆脱债主的纠缠，他偷了一封里面装着十英镑纸币的信件。裁缝的钱还了，但是被偷的人知道那张纸币的号码。追究到裁缝那里，而后又通过裁缝找到了窃贼以及作案的工具和时间。几天之后，他就被判流放了。他漂亮的衣服换成了罪犯的囚衣。如果他能够穿着寒酸的衣服但是却能诚实劳动的话，结果要比这好得多。他的例子只不过又一次证明了迷恋装扮的愚蠢，而这种情况在愚蠢的男人和愚蠢的女人中间都普遍存在。”

当查尔斯·那皮尔先生离开印度的时候，他向军队发布了一项命令，在命令中他谴责了那些欠债不还的军官们。这位总司令发现他总是会听到对那些不还钱的军官们的抱怨，并且有时候他发现由于军官们欠钱不还导致了那些有功的、勤劳的商人破产。对于这种日益增长的恶习，他给予了严厉的谴责，称它是对绅士风度的损毁，称那些人这样做就是“与那些声名狼藉的人、欺骗别人的人、玷污社会的人为伍”。他强烈要求这些人坚守他们的职责，严格践行节约；因为靠赊账来喝香槟和啤酒、靠赊账来骑马是骗子的行径，而非绅士的作为。

这些年轻的“绅士”在印度的奢侈行为，从许多方面来看只不过是我们国内年轻的“绅士”奢侈行为的对应而已。在牛津和剑桥意外显露出来的学生们的奢侈的行为将矛头直指这些学生在其中学习礼貌的学校。许多有钱的父母被自己的子女弄得倾家荡产，而他们原本将这些子女送到学校是想造就出学者来，但是他们的子女学到的只是要成为流行的“绅士”。要成为当今的“绅士”就要成为一个好赌的人、一个赛马的人、一个玩纸牌的人、一个跳舞的人、一个打猎的人、一个放荡的人抑或是上述这些类型人的综合体。这些“绅士”的生活节奏很快，花钱快、喝酒快、死得也快。绅士的原来的风格也退化为了一个“绅士”和一个生活节奏“快”的人。“绅士”已经变得不光彩了，当现在用“绅士”这个词的时候，它通常指的是那些懒散的挥霍者而不是那些功成名就的、品德高尚的、勤劳的人了。

对于欠债，年轻人变得越来越没有羞耻心了，并且道德沦丧败坏在整个社会蔓延。人们的品味变得越来越铺张、奢华，但是他们的收入却达不到相应的要求。同时，他们仍然要得到满足，这样债务就产生了，并且在此之后，债务就像是绑在脖子上的磨石一样沉重。奢侈的习惯一旦形成，那么要去掉这种习惯是非常困难的。但是现在的这些人无所顾忌地欠债，不考虑将来如何还钱甚至就没有打算还钱，削弱了公共道德，并且不幸也蔓延到了整个中层和上层社会。道德的格调已经下降了，要想重新恢复得花很长的时间。

同时，人们应当尽力避免那些无力承担的开支。最安全的方案就是从不赊账并且从不欠债。下一个方案就是，如果一个人欠了钱，要尽快还钱。欠债的人就不是自己的主人了：他要受他的债主的支配。他会成为律师的笑柄，债主们声讨的对象、邻居们眼里干丑事的人，他就会成为躲在自己房间里的奴隶。他的道德品质变得堕落庸俗，甚至他的家人都以类似于轻视的可怜对待他。

蒙田说过：“对于还债我总是感到高兴，因为我从肩上卸下了令人厌倦的重担，并且摆脱了受奴役的形象。”约翰逊称节俭是自由之母。那些欠债的人没有一个可能是自由的。债务的必然后果就是它不仅损害了个人独立，而且会使人的道德堕落。欠债的人会不断地遭受羞辱。那些值得尊敬的人必定厌恶借钱给那些还不了钱的人，厌恶用别人的钱喝酒、穿衣服以及摆阔气。多希特伯爵，像许多其他的出身贵族的人一样，欠下了债务，并且是以自己的财产作为抵押借的钱。他挥霍的习惯被一位市参议员的无礼行为给治好了。一天这位参议员跑到他家的前厅向他催讨借款。从那一天开始，伯爵就痛下决心要生活节俭，把欠的所有债都还清，他实现了他的诺言。

让每个人都有坚强的意志以面对自己的事情——为自己的收入和支出做个记录，不管这个记录有多长，花的钱是多么的多。他必须知道，日复一日，他能够坦然地面对这个世界。如果他有妻子的话，也让他告知一下他的妻子，他是怎样生活的。如果他的妻子是一个慎重的女人，那么她就会帮助丈夫节省他的开支，并且让他过体面诚实的生活。好妻子是不会同意穿不属于自己而属于店主的衣服的，也不会同意举办不属于自己而属于店主的宴会。

量入为出生活的人是绝对有必要了解算术知识的。女人尤其不懂算术，她们几乎没有被教授过最简单的算术知识，因为女教师们认为算术对她们没什么用处。女教师们更愿意教她们语言、音乐、风度举止以及地球仪的用途。所有的这些可能都是重要的，但是算术的四个基本的知识比这些都要重要。如果没有加法和减法的知识，她们怎么把她们的开支与收入作比较呢？她们怎么能精确地知道有多少钱花在了租金上，有多少钱花在了衣服或食品上，又有多少钱花在了服务上呢？她们又如何核对她们的手工工人和仆人的账单呢？缺乏算术知识不仅仅是造成巨大浪费的原因，而且是造成巨大不幸的原因。许多地位较高的家庭仅仅因为对这门知识不了解而陷入赤贫。

许多年轻人不假思索就结婚了。一个年轻人在舞厅里看到了一张漂亮的脸蛋，就喜欢上了她，与她共舞，与她调情，回到家后做梦都梦见她。最后，他爱上了她，向她求婚，并且把这张漂亮的脸蛋带回了家。之后他才知道了有关她的更多的事情。到目前为止，所有的一切还都是“非常快乐”的。这张脸到目前为止还是迷人的、优雅的、单纯的、美丽的。现在她不得不开始另一种身份的生活了。她必须被更近距离地观看、每天观看并且她必须要操持家务了。

大多数新婚的人都需要一段时间才能安顿下来。甚至那些婚姻生活最幸福的人也要经历一段时间的奋斗和困惑之后才能达到平和、平静。丈夫不能马上就找准自己的定位，妻子也是如此。我们所认识的一个最幸福的女人告诉我们说：“婚后第一年的生活是最让人难过的。她要学习的东西是如此的多——她又担心做错事情——而且还没有找好自己的定位。但是，他们不断摸索，善良和爱心的天性最终让俩人安定了下来并且幸福地、和谐地生活在一起。”

上面我们所假设的那个年轻人和他的漂亮的“脸蛋”可不是这样。两个人没有经过思考或者说是带着对纯粹的幸福的过多憧憬就开始了他们的新生活。他们不能容忍情人变成了丈夫和老婆，也没有为因个人的脾气而导致的小小的吵闹和烦躁做好准备。两个人都感到失望。对爱人来说如此新奇和迷人的小小的殷勤也松懈了下来。那张漂亮的脸蛋，当被忽略的时候，就会用眼泪来发泄。特别是当眼泪是为琐碎的小事儿流的话，男人很快就会感到厌倦。因这些原因而流泪不会引来同情，只会滋生厌恶。他们时不时地使点儿坏心眼，两人都是如此。玩弄眼泪是危险的武器。女人应该尝试用善良和快乐来代替眼泪，那她们将是多么的快乐啊！许多人的生活都是由于对烦躁和焦虑的纵容而变得悲惨，直到他们个性被印上这种抹不掉的痕迹，对生活的合理的享受也变得近乎不可能了。

精神品质必定是家庭生活中的极好的恩赐。尽管它们可能是耀眼的、使人高兴的，但是它们激发爱心和感情的程度却不如温暖、愉快的心灵。他们既不能像心灵那样效果好，也不如心灵那样使人高兴。但是人们在培养好脾气以及快乐的性情这些好品质方面花的时间是多么少啊！没有这些品质，人们的生活，无论曾经怎样祈祷，都会在愤怒和烦恼的习惯下变得苦涩、酸楚，这对任何事情如社会幸福和家庭幸福都是破坏性的。没有这些好的品质，男人和女人就像是浑身长刺了一样，没有人敢接近他们，以免被刺扎着。由于缺乏对脾气的随时的控制，社会上出现了许多非常可怕的不幸。这样，享受变成了痛苦，生活变得像是要光着脚走的路，而路上荆棘丛生。

在上面我们所举的例子中，那张漂亮的脸很快就被遗忘了。但是因为这个年轻人原来只是为了得到这张"脸"——他献殷勤的对象，他曾经发誓要热爱、尊敬和保护的对象——当这张脸不再美丽的时候，他开始发现他犯了个错误。如果家不再有吸引力——如果新婚的男人发现家只是一个无关紧要的寄宿的地方——他会逐渐地离开这个家。他会晚上待在外面，靠香烟、纸牌、政治、戏剧和酒来抚慰自己，而那张可怜的脸蛋就会变得越来越忧郁、无望、悲惨。

也许孩子们在不断成长，但是丈夫和妻子都不知道如何培养他们、如何保持他们的健康。当孩子们还是婴儿的时候，父母把这些孩子当玩具看待；当婴儿变成了小孩之后，父母把他们当成是玩偶；当小孩变成年轻人后，父母把它们当成是苦工。在这一对不幸的夫妇的一生当中，几乎没有一刻是平和、快乐、衷心的。在家里享受不到舒适，只有一连串的不幸要承受。在家里没有快乐，没有相互的容忍、相互的感激、相互的认同——双方的感情就会慢慢减退。

据说"当贫穷进门的时候，爱就从窗户飞走了"。但是爱不仅仅只会从穷人家的房子里飞走。当富人的家里缺少亲爱的人与快乐的心灵的时候，爱也会从富人的家里飞走。小小的房间已经够温暖舒适的了：从表面上看几乎没什么缺少的东西，房间布置得很好，到处都一尘不染，家具齐备，炉火烧得通红，但是就是没有快乐。里面缺少快乐的脸庞——洋溢着满足与幽默的快乐的脸庞。物质上的享受，只是一个快乐家庭的幸福的一小部分。就像生活中的其他一切一样，精神状态决定着人们生活的福与祸。

大多数的年轻人很少考虑求婚和结婚之后接下来要做什么；他们几乎考虑不到这一步的严重性。他们忘记了他们在宣誓的时候，婚姻就无法回头了。情结也就不能解开了。如果因为欠考虑而犯了错误，那么必然会出现一些后果。目前流行的信条是："婚姻就像彩票"。事实可能真是如此。如果我们放弃了远见的教导；如果我们拒绝调查、咨询或者思考；如果我们满足于选择一个丈夫或者一个妻子，而在选择的过程中还不如选择一个随时可以解雇的仆人思考得多；如果我们只为脸蛋、身材和钱包所吸引，在一时的冲动和贪婪之下屈服，那么在这些情况下，婚姻确实像彩票——尽管中奖的概率只有1%，你可能一无所获，但是你也有可能中奖。

但是我们否认婚姻与彩票之间有任何必然的联系。当女孩子们被明智地教导如何去爱，以及在寻找生活的伴侣时应该注重哪些品质，而不是让她们从小说当中假想的和一般来说是虚构的人物身上搜集信息时，并且，当年轻人习惯于考虑与他们一起过日子的妻子身上的美德、优雅的举止以及实实在在的必要的要求时，当想到家庭的所有幸福都取决于妻子的性情和理智的时候，那么就会发现婚姻生活中很少会有什么"彩票"。并且如同企业的业务一样，男人或者女人要以正确的远见和辨别是非的能力作出明智的判断并聪明地行事，那么他们必将收获一个快乐繁荣的未来。确实，他们可能像人们做任何事情一样会犯错误，但是没有什么错误能比把自己的幸福寄托在靠买彩票来冒险更严重的了。

另外重要的一点就是在适当的时候要能够说“不”。面对诱惑要立刻毅然决然地说“不”。“不，付不起钱。”许多人没有勇气做到这一点。他们只考虑他们个人的满足。他们不能够践行自制。他们屈服、让步并且“享受自我”。后果通常都是盗用他人的钱财、欺诈和挥霍。对于这样的事情社会的决断是什么呢？就是“这样的人一直过着入不敷出的生活”。在他曾经款待过的人当中没有一个人会感激他，没有一个人会可怜他，没有一个人会帮助他。

每个人都曾经听说过那些不会说“不”的人。除了不是自己的朋友外，他是每个人的朋友。他最大的敌人就是他自己。他很快就花光了自己的钱，然后向他的朋友要债券、保释金并且“承诺会还”，在花光了他身上的最后一几尼后，他就在愚昧和愚蠢中死去。

他的人生信条似乎是做任何人要求他做的事情。他的心脏是随别人的心脏跳动的，还是他不愿意冒犯别人，我们永远也确定不了，但是能确定的是很少有人要他在申请书上签字，要他承诺投票、向他借钱或背书一张票据时他会不照办的。他不能够说“不”，许多非常了解他的人都说他没有勇气这么说。

他的父亲给他留下了一笔小小的财富，马上他就受到那些想分享这笔财富的人的困扰。如果他能够做到的话，现在应该是说“不”的时候了，但是他做不到。他已经养成了屈服的习惯，不喜欢惹人讨厌，不能忍受拒绝，经受不住别人的强求，几乎总是屈服于对他的钱包的要求。当他有钱的时候，他的朋友数不清。他是一个万能的裁判——每个人的保证人。他的一些朋友经常请求他“签一下这张单子”。“这是什么单子？”他会温和地问道，因为尽管他很单纯，但是他为自己的小心谨慎而感到骄傲。然而，他从来没有拒绝过。

三个月之后，一张大额的账单的还款期到了，除了那位每个人的朋友——不会说“不”的那个人外，还有谁会被要求还款呢？

最终，一位以他做保证人的麦芽制造商——一个仅与他有过点头之交的人因为对基金和股票的过度投机而生意破产了。这个时候那个说不出“不”的人被要求偿还麦芽制造商的大笔债务。这对他是重重的一击，使他变成了一个穷人。但是他并没有变得聪明起来。他是一根杆子，每个贪婪的人都可以过来蹭蹭他；他是一个水龙头，每个渴了的人都可以从他这里喝水；他是一块熏猪肉，每一条饥饿的狗都可以过来撕咬；他是一头驴，每个贪婪的歹徒都可以过来骑他；他是一口磨，只磨别人的粮食而不磨自己的。总而言之，他是一个“好心肠的人”，他一生都说不出“不”来。

在适当的时候说“不”对一个人的安定和幸福是非常重要的。许多人就是毁在了不会说“不”或者不说“不”上了。因为我们不能鼓起勇气说“不”，邪恶经常在我们身上立足。为了这个世界的潮流，我们经常牺牲我们自己，因为我们没有诚实地说出这个小小的“不”字。决斗者不敢说“不”，因为这样他会被看轻；当一个富有的傻子向一个美丽的女人伸出他的手时，这个美人犹豫说“不”，因为在她心里已经有了依附“权贵”的野心。奉承的人不会说“不”，因为他必须对所有的人微笑，对所有的人都许诺。

当快乐向我们发出诱惑时，要有勇气立刻说“不”。你意识里的那个小小的监督器会同意你的这个决定，并且经过这样的行为之后你的美德会更强大。当放荡以其秘密的快乐向你招手时，勇敢地说“不”。如果你不这么做的话，如果你默许并屈从了，美德将会离开你，你的自立精神将会受到致命的打击。也许第一次说“不”要费一些劲，但是说得多了，力量也就增强了。它是对付闲散懒惰、自我纵欲、愚蠢、不好的习惯的唯一方式，遇到这些时马上愤慨地说“不”。实际上，在正确的时间说“不”是很大的美德。

一些人超过了自己的支付能力生活直到他什么也没有了为止。他可能在债务中死去，只有到他被放在坟墓里的时候“社会”才会放开对他的掌控。他必须按照“社会上的人”被掩埋的方式来被掩埋。他必须得有一场时髦的葬礼。他必须直到最后的时刻还在见证讲究礼节的人们的力量。葬礼上斗篷、帽带、围巾、哀悼的马车、镀金的棺材和送葬的队伍才是取悦这些讲究礼节的人的。办丧事的人装模作样的仪式般的痛苦，以及送丧的哑剧表演者、拿带着羽毛的人（花钱雇来参加送丧的）假装的悲伤是多么的没有价值和奢侈啊！

这种没有用处的、奢侈的装模作样的仪式不仅在有钱的上层阶层中出现，而且在中层和工人阶层中似乎更多。举办一场奢侈的葬礼就是要“体面”。中等阶层的人，努力想走在社会的前列，尽力想上升到那个表演哑剧和低垂的羽毛带子的队伍中来。像那些比他们阶层“高”的人一样，他们都是葬礼承办者的受害者。这些给活着的人已经定下了流行的做法：“我们必须像其他人做的那么做。”大多数的人都愿意付这笔钱。他们给自己、朋友以及仆人穿上丧服，这样一个体面的葬礼就买到手了。

在一个家庭最不能承受的时刻，这笔花销落到了这个家庭的家人身上。家里的顶梁柱没有了，家里的一切东西都给了丧事承办者。处于悲痛之中的可怜的寡妇、失去了父亲的庇护的孩子，如何跟商人就便宜的丧服、黑色的手套、哭丧的人以及其他“悲痛的物品”讨价还价呢？在这样的一个时刻，在万千的例子中，留给生者的每一英镑、每一便士——好不容易才准备好的这一点钱都毫无疑问地花在了这些粗俗和奢侈的场面上了。难道把这些钱愚蠢地花在为死人带来空虚的荣誉上要比花在为活着的人带来舒适和生活给养上更好吗？

同样的邪恶在社会当中自上层阶级向下蔓延。根据他们的收入，工人阶层遭受的损失与中等阶层一样大。在英国，商人为每个人承办的葬礼的平均花销是15英镑，为机工和工人承办的葬礼的花销从5英镑到10英镑不等。在苏格兰，葬礼的花销相对低一些。为死去的亲人举办一场体面的葬礼的强烈想法在劳动人民中间普遍存在，因为这样可以给死去的人带来荣耀。他们即使不为别的事情花钱，也要为这件事花钱。最大的工人俱乐部是葬礼俱乐部。一个丈夫的葬礼通常花10英镑，妻子的是5英镑。如果去世的人是好几家俱乐部的会员，那么一个机械工的葬礼偶尔也会花15、20、30甚至是40英镑。在这种情况下，几个丧事承办人会会谈一下，根据他们在葬礼上的表现来“结算”各自的收入。在45个俱乐部里为一个孩子投保寿险是经常的事情，我们曾经听到过一个例子，在曼彻斯特，一个人在19个不同的葬礼俱乐部里都投了保。

当一个工人的家里有人去世了，而他恰好不是工人俱乐部的会员，那么他仍然得遵照他们的范例，不得不自己背负沉重的负担来遵从社会的惯例，给他的妻子和孩子举办一场体面的葬礼。倘若是一个家庭的父亲本人去世，那么情况会更加糟糕。可能他毕生的积蓄都要花在他的妻儿在他死后对他的哀悼上了。这样的一笔开支，在这个时候是毁灭性的，而且总的来说是不合理的。

穿上特定颜色的衣服就是真正的哀悼了吗？心灵与感情不是比外面穿的衣服更能表达哀悼之情吗？宾厄姆在谈到原始的基督徒时说：“他们既不谴责为私人哀悼的习惯，也不表示同意，而是把它当作一件无关紧要的事情留给人们自己去处理。就如同根据基督徒的勇敢和人生观行事一样，赞扬那些完全不进行悼念的或者只是用简单的方法进行悼念的人。”

约翰·卫斯理在他的遗言中指示说把他抬到墓地的六个穷人每

个人可以获得20先令。他说：“因为我特别不希望有棺材、灵车、用纹章装饰的盾、盛大的场面。只要有爱我的人的眼泪陪伴我到天堂就可以了。我以上帝的名义庄严地要求我的执行者发誓会遵照我的这个遗愿行事。”

改变我们时代悼念的风俗是很困难的事情。我们可能迫切地想这么做，但是这样的问题会经常被提问：“人们会说什么呢？”“这个世界会怎么说呢？”我们就不知不觉地退缩了，就像我们的邻居一样懦弱起来了。但是，如果常识被人反复重复的话也会产生一定的影响力，并且随着时间的推移，这些常识必定会改变社会的潮流的。阿德莱德女王做的最后一件事情就是要求自己死后，不要搞葬礼承办人搞的那套虚礼的东西。同样地，罗伯特·皮尔先生在临死之前叮嘱他死后的葬礼上不要有什么仪式，不要什么浮华的场面。这些对这个时髦的世界必将产生应有的影响。随着时间的推移，通过他们，那些事事都效仿他们的中层阶级人士将会从他们的做法中获益。我们也相信，对于大部分的人来说，将会日益避免我们所提及的那些没有意义的炫耀。需要反复宣传公众的观念，才可以确保在此方面的很大程度的改变。

在美国也成立了一些协会，这些协会的会员就答应不自己搞悼念活动，也不赞成别人搞悼念活动。只有通过许多人联合的力量，这样的改革才能得以实现，因为各地的单个人几乎对抗不了这种世界上普遍存在的根深蒂固的偏见。

第五章 欠债的伟人

没有算术，生活就会是一幕骇人的场景。你将会走向债务之城——布伦，那里聚集了从来不懂算术的人。

——悉尼·史密斯

债务是一个多么可怕的父亲啊！是多么可怕的谎言，卑鄙、自尊的侵蚀，焦虑以及两面派啊！在一段时间之内，它是怎样雕刻一个坦率的人，让他的脸上布满皱纹的啊！它是如何像一把刀刺入诚实的心脏的啊！

——道格拉斯·杰罗尔德

根据最好的理论，我们可以将人们明显地分为两类：从别人那里借钱的人和借钱给别人的人。所有的那些不敬的分类如哥特族和凯尔特族、白人、黑人、红色人群等都可以概括为这最初的两类人。

——查尔斯·兰姆伯

人们不知道欠下债务会给自己带来什么麻烦。不管债务是因为什么而产生的，它都像挂在人脖子上的一块磨石，直到还完钱这种负担才能结束。债务就像梦魇一样逼迫着欠债的人，阻碍了他的家庭的福祉，破坏了他及家人的快乐。

即使是那些有着较高的定期收入的人，在多年的沉重的债务压力之下，也会深感力不从心。在沉重的债务负担下，一个人要怎样做才能为他的妻儿攒下或省下将来要用的钱呢？欠债的人不能为自己投保寿险，不能为自己的房子和货物投保，不能在银行里存钱，不能购买房子或者完全保有房地产。所有收入的盈余都必须用于偿还债务。

即使是拥有巨额财产的人，拥有大片庄园的大领主，也经常会感觉到债务的压力并且感到自己处于可怜的境地。他们以及他们的祖先已经养成了奢侈的习惯——喜好赌博、赛马或者过奢侈的生活——他们将地产作抵押来借钱，并且债务的负担一直存在。或许，不包括那些严格世袭的地产——因为这些贵族计划在他们死之后，他们的债务就会一笔勾销，并且这样他们花公众的钱来满足自己的奢侈的嗜好——这些地产就会相对无负担地给那些世袭的继承人。但是相对来说属于特权阶层的人很少，大部分情况下，债务与地产一起被继承，并且通常债务还比地产的价值要大。现在英国大部分的土地都是抵押权人和放债人的财产。

最伟大的人也曾经借债。有人断言伟大与债务之间存在着某种联系。伟大的人有大额的债务，是因为他们值得信赖。伟大的国家也是如此，他们值得尊敬并且有信誉。无精打采的人没有债务，没有生机的国家也是如此，因为没有人会信任他们。欠债的人和欠债的国家都引起了广泛的关注。他们的名字出现在很多的账簿里，并且许多人都被人猜测是否能还钱。没有债务的人从这个世界上溜走不会有太多人的关注，而那些在每个人的账簿里出现的人，大家的眼睛都盯着他。人们带着兴趣询问他的健康状况，并且如果他到了国外，人们就焦急地盼望他的归来。

债权人通常都被描绘成严厉的、面容冷峻的人，而债务人则被描绘成慷慨大方的人，他乐于帮助和款待每一个人。他是大众同情的对象。当戈德史密斯被人催讨牛奶钱和因欠房租而被捕的时候，有谁会可怜那个挤奶的女人和那个女房东呢？因为欠债的人是杰出的人，所以我们把同情都给了他。帕汝奇的庞大固埃问道："没有债务，你将会怎么样？上帝让我们离不开债务人。你们认为借钱或者赊账给别人是神圣的吗？不，欠债才是真正的英雄的美德。"

然而，不论怎么赞美债务，它肯定有其肮脏的一面。为了生活，欠债的人被迫采取许多蹩脚的方法。他们是讨债的债主以及地方长官折磨的对象。很少有人像谢里丹那样的冷漠无情，谢里丹让他们穿上仆人的衣服来招待他的客人。欠钱的人每次听到有人敲门就脸色苍白。他的朋友变得冷酷起来，他的亲人们躲避他。他羞于出门，而躲在家里又不舒服。他变得脾气暴躁、闷闷不乐、爱发牢骚，失去了生活中的所有乐趣。他想要获得快乐和尊敬的通行证——金钱，但是他有的仅仅是债务，并且这些债务使他受人怀疑、被人鄙视、遭人冷落。他生活在绝望的境地。他感到自己在别人的眼里和自己的眼里都堕落了。他必须屈从于无礼的要求，只能编造一些借口来对应这些要求。他已经不再是自己的主人并且已经失去了一个男人的独立风采。他寻求别人的可怜，请求能延缓时间。一个尖刻的律师向他猛扑过来，他忽然感觉到自己被贪得无厌的人紧紧抓住了。他向朋友或者亲人求助，但是他得到的只是他们的文明的斜眼一瞥和冷酷的厌恶。他向放债人求助，并且如果他能成功，那么他也只不过是刚从油锅里跳出来又跳进了火坑。很容易就能看出结果会怎么样—— 一生都在用卑鄙的方法，或许最终进了监狱或者贫民救济院。

一个人能够置身于债务之外吗？有可能避免伴随债务而产生的道德堕落吗？难道不能免除全部的债务而保持人格的独立吗？做到这些的唯一方法就是“量入而出”。不幸的是，现在能这么做的人太少了。我们举债，相信将来有机会还清债务。我们抵挡不了花钱的诱惑。有的人有精美的家具、住租金高昂的房子，有的人有美酒、在剧院里有包厢；另一些人必须举办宴会和音乐派对——他们想要一切好的东西，但是如果他们付不起钱的话，他们就不能沉迷于其中。如果他们靠赊来的东西来举办宴会，而真正举办宴会的是赊给你东西的屠夫、家禽贩以及酒商的话，举办这样的假宴会难道不是一件很拙劣的事情吗？

人们没有权利以自己支付不起的方式生活，也没有权利为了今天过奢侈的生活，而抵押上下周或者明年的收入。整个的债务体系，通过它我们预先阻止或者期待未来，是错误的。他们跟那些给别人赊账并且鼓励顾客赊账的人以及欠债的人一样应该受到谴责。如果一个人支付生活费，他就会知道他的实际状况如何。他可以量入而出，并且分摊一部分的支出为将来的支出保留一份基金。他总是收支大体平衡，并且如果他只买现金买得起的东西，在年底的时候，他的家庭账簿上就会有盈余。

但是一旦他开始累积账单——有的账单是裁缝的，有的是礼服店的和女帽店的，有的是屠夫开的，有的是杂货店的，他从来都不知道该怎么办。他被诱骗进债务的圈套之中，这条道路为他建造得平坦而舒适，许多东西都涌入他的房间，而这些东西看起来似乎不需要花钱。但是，它们都是与他作对的，在年底，当所有的账单被递进来的时候，他不得不在沮丧中举起双手。这个时候他才发现蜜的香甜不足以补偿被叮上一口的剧烈疼痛。

对于比较贫穷的阶层也是一样的。几年前，为了帮助小商人和穷人为应付紧急的情况而攒钱，议会通过了一项促进成立小额借款协会的法律。这一法律立刻受到了许多贪婪的人的欢迎，因为他们将它视为往他们的钱袋里放钱的一种工具。他们给工人阶层提供借款的便利，以工人们将来的劳动作为抵押的便利。一些想要赚钱的人，想自己成立借款俱乐部，并且以5%的利息放贷，还款的时候可以采取按周分期付款的形式。劳动人民渴望自己利用这一借债的便利。有的人想获得贷款进行“一番狂欢”；有的人想借款买一套衣服；有的人买一个八日钟等。不是预先存钱，他们更愿意从俱乐部里获得贷款，让自己处于困境与贫困之中，直到他们还清了借款为止。这样的行为比挣多少花多少更糟糕：他们实际上正在靠他们的命生活。

很容易理解贷款俱乐部是如何赚钱的。假设他们以5%的利息放出去了10英镑的贷款。这笔贷款以每周10先令的方式分期偿还——在贷款放出去之后的第一周，偿还贷款就开始了。但是尽管在贷款还清之前，每周能偿还十先令，但是直到最后的一期还款支付之前，会按整笔贷款收取5%的利息。这样，尽管名义的利息率是5%，但是，实际的利息率却在不断增加，一直到最后的一周，利息率会达到100%。这就是所谓的“吃母牛肚子里的小牛犊”。

天才的人同样易于陷入债务之中。天才与远见或者自制并没有什么必然的联系，对严格、不可变更的一般数学规则也不会产生什么影响。天才的人通常超脱于培根所说的“商业的智慧”之外。然而培根本人都没有遵从自己的建议，被自己的奢侈所毁。在年轻的时候他就处境困难，成人之后他的处境就更困难了。他的一生是辉煌的，但是他过度的花费导致了他陷入债务的困境中，而这也使他对钱产生了永久的渴望。一天，他走进了他的会客室，那里他的崇拜者们正在等着他出现，他说："坐下吧，我的主人们，你们的进步就是我的退步。”为了满足自己的需求，他接受贿赂，并因此遭到他的敌人的围攻，最终，他被判定有罪，陷入了堕落与毁灭之中。

即使是那些在大规模理财方面具有特殊才能的人在管理自己的个人事务时也可能会完全败下阵来。皮特在国家处于史无前例的困难时期时掌管国家的财政，而他本人总是举债。前银行家卡林顿勋爵在皮特的几次请求之下，检查了他的家庭记录，发现屠夫向他索要肉钱的账单上写的一周的肉重是100磅。每年仆人的工资、伙食费、居住费和日常账单的费用就不下2300英镑。皮特死后，国家投票拨40000英镑来还他欠债主的钱。他每年的收入从来没有少过6000英镑。并且一度在五港同盟的任职期间，每年可另外获得近4000英镑的收入。麦考利确实说过："如果皮特对伯利克里和迪威特不感兴趣，并且能够兼备神圣的节俭，那么他的声望可能会更高一些。”

这样的情形不只发生在皮特一个人身上。梅尔维尔勋爵管理自己的财务和公众的财务时，都很挥霍。福克斯欠了很多的钱，他的理财格言就是“那些愿意付足够的钱而得到钱的人是永远不会缺钱的”。福克斯将阿尔马克的外间——他不时从犹太放贷人那里以很高的利息借钱的地方——称为他的“耶路撒冷的房间”。迷恋赌博是他的最大恶习，并且在很小的时候他就欠了很多的债。据吉本说，有一次他连着赌博长达20小时，输了11000英镑。但是在那个时候，豪赌是上流社会的恶习，人们都知道其中必有蹊跷。塞尔温在谈到福克斯赌博时的损失时，称他为“殉难的查尔斯”。

谢里丹是欠债的英雄。他靠借债生活。尽管他以这样或那样的方式收到了大笔的钱财，但是没人知道这些钱都去哪里了，因为他从来不付任何人钱。这些钱就好像是夏天的雪一样在他的手里消失不见了。在巴斯的六周短途旅行中，他就花了他第一任妻子的1600英镑。贫困使他进行文学创作，并且正是在贫困的刺激之下，我们才有了《对手》以及由这部著作所改编的一系列戏剧。他的第二任妻子的陪嫁是5000英镑，加上他出售特鲁里街的股份所得到的15000英镑，买下了萨里的一处地产，但是被讨债的人赶了出来。在他的余生里，他采取一切手段来筹钱和逃避还钱，其中的一些手段尚值得称道，但大部分手段却是卑鄙的。剧院的泰勒过去常常说如果在街上碰到谢里丹并向他脱帽致敬，他就会损失50英镑，但如果他停下来跟谢里丹讲话，那么他就会失去100英镑。

谢里丹的一个债主骑着马向他讨债。谢里丹对他说：“这是一匹好母马！”“是真的吗？”“确实如此，不知道跑起来怎么样？”这位被奉承的讨债人告诉他可以看看。他马上策马疾驰，利用这个跑马的机会谢里丹绕着最近的拐角溜走了。每天早上都有许多债主找上门来，为的是能在早晨他出门之前堵住他。他们被领到门廊两侧的屋子里。当谢里丹吃完早饭后就来到屋子里，问道：“约翰，所有的门都关了吗？”在得到肯定的答复之后，他就大摇大摆地从关着讨债的人的房间中间走出去了。

他到处欠债——欠牛奶工的钱，欠杂货店老板的钱，欠面包师的钱，欠屠夫的钱。有时候，谢里丹夫人可能会花上一个小时或者更长的时间等仆人们在那一片区域买咖啡、黄油、鸡蛋和面包圈。谢里丹担任海军军需官的时候，一天一个屠夫带进厨房一只羊腿。厨师接过羊腿并把它放到了锅里去煮，之后就上楼去取钱了，但是好久厨师也没下来，屠夫冷静地掀开锅盖，拿出羊腿放到自己的托盘里带走了。尽管谢里丹的生活如此困窘，但当他带自己的儿子应邀去乡村的时候，通常都是乘坐两辆轻便马车，而且是四轮的——一辆他自己乘坐，另一辆他的儿子汤姆乘坐。

这一切的结局是非常悲惨的。在他去世之前的几周，他穷得几乎难以生存下去了。他那些高贵的贵族朋友都完全抛弃了他。在他的房间里，他的债务也被进行了执行判决。他的最后几天是在地方长官的监管下度过的，他没有被送去监狱仅仅是因为挪动他怕会导致他的立刻死亡。

雷兹主教变卖了他所有的一切来偿还债务，但是这仍然没能恢复他的自由。他描述了欠债的人所承受的持续的痛苦。他甚至宁愿被囚禁在维森尼斯的城堡里，也不愿意被他的债主们烦扰。麦拉比欧在债务的纠缠中度过一生，因为他是个可怕的挥霍者。他父亲让他摆脱债务的烦扰的唯一办法就是用一纸密令将他安全地囚禁起来。尽管麦拉比欧掌握着国家的权力，但是，他去世的时候是如此的穷困，或者是他过去如此的奢侈以至于他还欠着一个裁缝的结婚礼服的钱没给。

拉马丹挥霍了他的部分财富，他生命的最后阶段是“凑钱度日”。拉马丹勇敢地公开宣称他憎恨算术，认为算术是“每颗高尚心灵的反面”。他也因此不得不采用卑鄙的伎俩来维持生活。仅《文学教程》这本书每年就可以给他带来20万法郎的收入，然而这些钱到他手里之后就像水银一样蒸发掉了。他的债务据说高达300万法郎，而他的生活方式仍然保持不变。一个拉马丹的热心的仰慕者——他借钱给拉马丹购买地产，而自己却非常节省，一天，他走进一家鱼贩子的店去买一条比目鱼。就他的财富来说鱼的价钱太高了。一个看起来非凡的人物走了进来，在比目鱼前停留了一会儿，没有问鱼的价钱，就让人把鱼送到自己家里去了。这个人就是拉马丹。

韦伯斯特这位美国政治家，因为他对钱的事情粗心大意并且生活奢侈，所以深受穷困之苦。如果我们相信西奥多·帕克所说的，那么韦伯斯特跟培根一样也收受贿赂。帕克说："他欠了债还不偿还，向别人借钱并且说是最后一次借钱。私人的钱财流到了他的手里。作为美国的参议员，他的养老金却由波士顿的制造商为他支付。他后期的讲话充满了被人买通的味道。"门罗和杰斐逊也总是缺钱，并且经常欠债，尽管他俩都是诚实的人。

现在公众人物所过的生活对过度的花费通常会形成一种刺激。这些公众人士可能是中等收入的人，甚至可能是穷人，但是这些在社会中令人感动的人当中没有多少人有勇气敢在表面上做到这一点。为了维护他们的社会地位，他们认为有必要像其他人那样生活。这样他们被拉入了债务的旋涡，并且陷入了因债务而产生的所有的麻烦、烦恼、卑鄙的伎俩和不诚实当中。

大多数的科学家都不需要在社会上扬名立万，因此他们当中只有一小部分人能像上面所举的那些人那样欠债。他们当中的许多人都是贫穷的，但是他们都能量入为出。开普勒的一生的确是在与贫穷和债务做战斗，但是他的贫穷和债务主要是由于他的工资状况造成的，作为德国皇帝的首席算术师，他的工资经常被拖欠。这迫使他铸造基督降生塑像来维持生计。他写道："我曾经过过在掌管皇家钱款的人的门前乞讨的日子。"他死后仅留下了22英镑的钱、身上穿的衣服、两件衬衫、一些书和许多手稿。莱布尼兹死后留下了大笔的欠债，但是导致他欠下大笔债务的原因是他既是一位政治家也是一位哲学家，得经常去外国的宫廷并且以符合他的官职身份的条件与这些伟大的人物进行交往。

斯皮诺沙也是贫穷的，但是由于他为配镜师擦镜片赚的钱已经足够他的需要了，因此他并没有欠债。他拒绝了教授之职，拒绝了养老金，而喜欢独立地活着以及宁愿独立地死去。道尔顿对金钱有一种哲学的淡漠。他在曼彻斯特的同乡有一次对他说想提供给他维持独立生活的一份收入，这样他在余下的时间里就可以全身心投入到科学调查中去了，他拒绝了这份好意，说："对他来说，教书是一种享受，如果他变得更富有了，那么他在他的研究上所花的时间就会比过去少了。"法拉第是中等收入下保持高贵独立思想的又一个例子。拉格朗日习惯将他的名声和幸福归功于父亲的贫穷——其父是都灵的御用天文学家。他说："如果我是个富人的话，也许我就成不了一个数学家了。"

与科学相关的最伟大的欠债人是约翰·亨特，他把所有的钱——这些钱全部是由他自己挣来的，都花在了积累我们现在称之为"亨特博物馆"的宏大收藏上了。他所筹集的所有的资金都用来购买用于准备和分类的新收藏了，或者用于支付建造陈列室的木工以及瓦工的工资了。尽管在他去世时，他的家庭陷入了困境当中，但是，将收藏卖给国家所得的15000英镑使他的债务全部还清，同时为他的名声还留下了一座永久的纪念碑。

伟大的艺术家几乎都出身贫困，经过不断的努力才成为名人。其中一些人可能从来都没有完全地摆脱贫困。然而，这主要是因为他们的挥霍造成的。杨·斯坦总是生活在困境当中，主要是因为尝他自己的啤酒所养成的酗酒的习惯。他最先是个酿酒师，后来才成了一名酒馆管理人。他边喝酒边画画，有时候还把他目睹过的喝酒的场景画到画布上，甚至他在沉醉的时候也是如此。债还没还他就去世了，死后他的作品升值，现在这些作品的价值跟它们相同重量的黄金的价值一样高。

凡·代克尽管收入很高，但是由于他的生活如此奢侈以至于他债台高筑。为了弥补财务上的漏洞，他学习了一段时间的炼金术，希望能发现点石成金的魔法石。但是，在他生命的后期，他挽回了他的地位并且给他的遗孀留下了能维持舒适生活的遗产。伦勃朗因为对艺术的热爱而陷入债务中，他是一个从不停歇地收集书画、盔甲以及古董的人，因此陷入了困境中以至于他被宣布了破产。在他去世之前，他的财产已经被冻结长达13年了。

伟大的意大利艺术家们大部分都是能节制的人，他们都能量入为出。海顿在他的《自传》里说："拉斐尔、米舍尔·安吉洛、周克西斯、阿佩利斯、鲁本斯、雷诺兹以及蒂蒂安都是富有而快乐的人。为什么呢？因为他们既慷慨又节俭。"海顿本人却是一个反例。他的一生一直都在与困境和债务斗争。在他刚还了旧债不久就又得借新债。他的《模拟选举》就是他因债务而被关进皇家法庭的监狱中创作出来的作品。在他的日记中，有这样一段奇怪的话："今天我从卖黄油的韦伯那里借了10英镑，他是我以前的一个学生，是24年前乔治·比尤蒙特先生推荐给我的。但是他很聪明，在不画画之后，开了一家黄油店，这样在他过去的老师需要的时候他才能够送来10英镑。"海顿的《自传》里满是与律师和地方长官们的周旋。讨债的人对他穷追不舍。他写道："《拉萨路的头》是在被捕后不久完成的；《尤库里斯》是在即将破产的时候完成的；色诺芬那张漂亮的脸是在一个下午完成的，而那天的上午我却在向一个律师苦苦祈求；《卡桑德拉的头》创作过程中的痛苦是无法描述的，她的一只手就是在我交完税即将破产之后完成的。"

科博过去常常说他从来不知道有哪位诗人不是挥霍的，并且他说包括他自己也是如此。尽管他过着一种平静、隐居的生活，但是他却不断地要遭受警察们的骚扰。他曾经写道："在良好的管理和节约的念头的帮助下，我在3个月内仍然花掉了12个月的收入。"但是，尽管挥霍的诗人的人数很多，但是不能遗忘的是最伟大的诗人莎士比亚是一个谨慎的人。他在财务上节约，让他的家人生活舒适。但是与他同时代的人中大部分都是背负债务的。本·琼森经常为一次从亨斯洛那里借20先令而感到尴尬，并且他总是很贫穷。他很少能克制自己在晚上不去一家名为"美人鱼"的酒馆里喝酒狂欢的。马新格经常沦落到付不起同一家酒馆酒钱的程度。

格林、皮里和马洛生活奢侈，他们都死于贫困之中。马洛死于一次酒后的争斗。格林死于其过多饮酒导致的疾病。当他即将去世时，一名鞋匠还在他躺着的床边向他索要他所欠的10英镑。因此他警告他的朋友皮里改变生活方式，但是皮里像他一样最终也是死于穷困和债务当中。他生前的最后几封信中有一封是他写给伯利的祈求信，信中他说："长期患病已经使我的羞愧几乎成了厚颜无耻。"斯宾塞在孤独、穷困中死去。本·琼森说："他因缺少吃的而在金街死去了。并且他拒绝我的老板埃塞克斯送给他的20个面包，他说很遗憾没有时间来消受这些面包了。"

后来的诗人和文人当中，弥尔顿尽管没有欠债，但也是在孤独中死去。洛夫拉斯死于地窖之中。巴特勒，《修迪布拉斯》的作者，饿死在玫瑰巷。就在同一个地方，德来登被一批雇佣的打手殴打。奥特韦被法警追踪到他在塔山的最后一处藏身之处。他的最后的举动是向一位绅士讨1先令钱，这位绅士给了他1几尼。他用钱买了一个面包来解饥，但是刚吃了一口就噎住了。威彻利因债务蹲监狱的时间是7年，但是躺在床上一直到将近80岁去世。菲尔丁早年的奢侈和浪费使他陷入了永远都摆脱不了的困境，并且他的去世因他将妻儿留在了国外而显得更加悲惨。

萨维奇每年有50英镑的养老金收入，但他通常几天之内就会花光这笔钱。当时流行穿金边蕾丝的鲜红色斗篷，一天，琼森碰见了他，当时他刚刚领到了养老金，他的背上披着一件斗篷，而同时他的光着的脚趾从他的鞋里露了出来。在鲁莽、铺张的一生之后，他死在了监狱里。他因为欠债而被监禁六个月。在《萨维奇的一生》中，本森总结道："以下的论述并非全无用处。如果那些认为自己有很高的才能或者成就的人无视人生的一些普通的信条，那么人们就应该提醒他们，没有什么能使他变得浪费。长期无视或者违反这些信条，将会使知识变得没有用处，智慧变得滑稽可笑，才华变得令人可鄙。"

如果斯特恩没有死于破产中，那么他也是死于贫困中。他去世后，人们为了帮助他的妻子和女儿的生活举行了一次募捐。丘吉尔因欠债而被捕入狱，而他的债务是因为他的挥霍和奢侈造成的——考伯形容他是"金钱和智慧的挥霍者"。查特顿陷入饥饿和绝望之中，在18岁的时候服毒自尽。理查德·斯蒂里先生几乎没有不欠债的时候。在脾气和性格的许多方面，他都与谢里丹相似。他一生不断进行投机，他总是能抓住让他发财的大好时机。他总是被讨债的人和法警们追着跑，但是只要他借到了钱，他就毫不吝惜地花在了那些奢侈的东西上。当被任命为斯坦普斯的专员的时候，他获得了稳定的收入。他建造了两匹马有时是四匹马驾驶的马车，并且他购置了两处房产，一处在伦敦，另一处在汉普顿。他的收入不足以维持如此奢侈的生活，不久他欠下的债就比以前还多了。他不断遭到律师的扣押，并且被锁在债务人拘留所里。债务被强制执行，他的房子和家具都被变卖，他的妻子连最普通的生活必需品都缺乏了，但是热爱享受的斯蒂里仍然保持着他的平静和好性情。总会出现一些对他有利的东西。他的一个宏伟的计划就是把活鱼运到伦敦市场上销售；他对他的妻子说：“这样，你的日子将会比英国的任何一位夫人都好。”但是这样的好运却从来没有降临到理查德先生的头上，他死在了妻子在威尔士的一处小小的房产里，死的时候非常贫困。

戈德史密斯是另一个幸运的欠债人。他欠了大量的债务。他是旧债刚还新债就来，并且新债要比旧债多。他的第一笔钱是当老师的时候挣的——那是他所有的钱——他用这笔钱买了一匹马。他的亲戚们凑了50英镑送他到坦普尔学习法律，但是他还没出柏林，他所有的钱就被在那里花光或者赌博输光了。然后他去爱丁堡学医，但是他被迫离开了那个地方，因为他成了一个朋友的担保人。他身无分文就开始了他的欧洲之旅——除了他的长笛之外身上什么都没有，他一边乞讨一边玩乐，直到返回伦敦，一如他离开时那么贫穷。他自己后来经常说，在欧洲的所有国家里，他几乎没有不欠债的。

甚至当戈德史密斯开始自由赚钱的时候，他仍然欠别人的钱。他一只手赚来的钱另一只手很快就花出去了。他被人追讨牛奶钱，因欠房租而被捕，被律师威胁，但是他从来没有学到节俭的智慧。在他的著作《维科菲尔德牧师传》两次出版的那个月里，他开给纽贝里的15几尼的汇票因拒付而被返回。他在老邦德街道出席博斯维尔的宴会时，穿着“缎子做衬的珠皮大衣，多彩的丝质马裤”。这套衣服是属于他的裁缝的，并且直到裁缝去世他都没有给他这套衣服的钱。

繁荣增加而非减少了他的困难。他的钱越多，他不加考虑、挥霍的就越多。他不能拒绝放纵，不论是对自己还是对他人都是如此。他会借来1几尼钱给一个乞丐。他会脱下他身上穿的衣服或者他床上铺的毯子给别人。他不会拒绝任何人。为了满足自己那些欠考虑的花销，他通过承诺写自己还从来没有动笔写的书来筹钱。他总是不考虑将来会怎么样，并且不断地将一处地产作为抵押借钱。这样他死去的时候与他出生的时候一样贫穷、尴尬并且欠债。他去世的时候，还有两千多英镑的债没有还。琼森说："以前有哪位诗人能像他这么受人信任呢？"

引用戈德史密斯和其他人的事例是为了说明天才所受到的世界严酷的对待并且证明文人和艺术家在社会上的无能。有人认为，社会应当更加纵容那些天才，政府应当为他们再多做一些事情。但是社会或者政府为天才所做的事情将不会有什么用处，除非他们能像其他人或者才华不如他们的人做的那样——展现出自尊并且践行一般的节俭。我们可能可怜贫穷的戈德史密斯，但是我们能看得出来他才是他自己的敌人。他的收入很多，14年中他的总收入高达大约8000英镑，即使现在这也是一笔很大的数目。他的著作《地球的历史与活泼的天性》使他获得了850英镑的版权收入，并且这本书最多只能算作一本巧妙的汇编而已。关于他，琼森说："他对动物学的知识就只有能区分一匹马和一头牛而已。"他的《好心人》给他带来了500英镑的收入。还有他的另外的一些作品也给他带来了不少的收入。在文学方面，他像琼森一样成功，但是他却不像琼森那样清醒、自制和自尊。

然而，戈德史密斯在思考的时候，他也知道哪条才是正确的道路，但是他没有勇气沿这条正确的道路走。在给他的弟弟亨利的一封信中谈到有关他弟弟儿子的职业时说："亲爱的弟弟，要教育你的儿子节约、节俭。可以以他那流离失所的伯伯的例子来教育他。我从书中学会了公平和慷慨之后，我才从经验当中知道了节俭的必要性。在我接触到那些狡猾阴险的方法的时候，我形成了哲学家的习惯和观念。即使我财力微薄，我也经常过度地慷慨。我忘记了公正的原则，却把自己置于一个让卑鄙的人因为我的慷慨而感激我的位置上。"

拜伦在还没有成人之前就已经欠债了。在20岁的时候，他写信给比彻先生说："不要对外人说啊，我好像是受诅咒了一样老是欠钱，我所有的债务，在我21岁之前就会高达9000或者10000英镑。"来年他举行成年礼的时候花费的钱是从高利贷放款人那里以很高的利息借来的。他的债务没有减少，反而随时间在增加。据说他母亲就是因为看到室内装饰商的账单一阵怒骂之后去世的。在他的著作《恰尔德·哈罗德游记》的第一篇章出版的时候，拜伦将该部分的版权赠给了达拉斯先生，宣称他将不会为他的作品收钱——后来他明智地放弃了这一决定。但是当时靠文学创作而获得的收入并没有减轻他那沉重的债务负担，在这些债务的压力下，他几乎步履蹒跚了。他卖了房子，但债务仍然在增加。然后他结婚了，大概是期望他妻子的财富可以把他从债务的压力中释放出来，但是妻子的钱被锁起来了。他走的这一步棋，非但没有解救他，反而带来了一连串的不幸。每个人都知道这夫妻俩的悲惨结果，在讨债人和地方长官的不断攻击下，夫妇俩的生活更艰难了。

在债务的逼迫之下，拜伦几乎要出卖他的著作的版权了，但是被他的出版商阻止了，出版商给他一笔钱以解决临时的财务短缺问题。在他婚后的第一年里，他的房间九次都被法警们托管了，几乎每天都有讨债的人上门来围攻他，并且他只有靠他头衔的特权来使他避免被关进监狱。所有这些，对一个像他这样敏感的人来说必定是令人气愤的、痛苦的。之后不久，他的妻子离开了他，这使他几乎到了发狂的地步。尽管开始他拒绝从他的第一部诗作中赚钱，但是后来他改变了想法，甚至还学会了与他的出版商进行十分艰难的讨价还价。但是摩尔在他写的这位诗人的传记中并没有告诉我们，在这位诗人去世之前，他是否已经消除了债务带给他的那沉痛的折磨。

人们对所承担的债务的看法截然不同。一些人认为债务根本算不上是负担，一些人认为债务的负担很轻，而另一些人认为债权人就是迫害他们的人，而他们自己就是殉道者。但是那些道德意识稍微强点的人，会认为那些用别人的东西而却没有支付等额的钱财的人，那些穿衣服、吃东西、喝酒都支付不了钱的人，用屠夫、杂货店老板、酒商以及蔬菜店老板的钱来招待客人的人，他们的行为在本质上不仅仅是卑鄙龌龊的，而且是不诚实的，这样他们的债务负担就很沉重了。

那些欠债后仍然心情快乐的人，所占的比例还很大。在西奥费勒斯西博欠了很多人钱的时候，用祈求后借来的几几尼买了一盘好菜。弗特的母亲写信给他说："亲爱的萨姆，我因欠债被关进监狱里了，快来帮帮爱你的妈妈吧。"弗特回信道："亲爱的妈妈，我也因欠债被关进牢里了，所以您亲爱的儿子不能履行解救他亲爱的妈妈的责任了。"斯蒂里和谢里丹都不怎么把债务放在心上。招待客人的时候，他们让那些查封他们财产的法警穿上仆人的衣服给客人提供服务，把他们当仆人来对待。没有什么可以破坏斯蒂里的镇定。当因债务被迫离开伦敦的时候，他把他的慷慨带到了乡下。他给参加农村游戏和舞会的年轻的姑娘和小伙子们发放奖品。谢里丹也是不太在意自己的债务，并且经常调侃他的这些债务。一些人问他为什么他的名字前没有"o"。他回答说他相信没有哪个家族有权利使用它，"因为，事实上，我们欠每个人的钱"。有一次他的一个债权人因账单被出示的次数太多而被弄得又脏又破向他道歉时，他说："作为一个朋友，你还是把账单拿回家写在羊皮纸上吧。"

可怜的彭斯情况就完全不同了。他因为买了一件志愿者的制服而没有付钱，从而欠下了七英镑四先令的债务，这笔债几乎让他发狂了。他向他的盟友托马森，他的歌曲的出版商求助，请求借给他五英镑，并且承诺以"歌曲天才"的全部收入来偿还借款。他在去世之前完成的最后一首诗《情歌》的部分收入就被用来还这笔钱了。

悉尼·史密斯早年就过着非常贫困的生活。他生活贫困，还有一个广大的郊区要管理，另外自己还有一个人口众多的大家庭要供养。他的女儿说因债务他经常夜不能寐，并且她看到，有一天晚上，当一张又一张的账单蜂拥而至的时候（他仔细地检查它们，并且逐渐还清了这些债务），他几乎要被这些悬在他头上的债务给压垮了。他双手捂住脸，喊道："哎呀，我以后的日子恐怕得在牢房里度过了。"但是他勇敢地承担了这些债务，用一颗快乐的心灵一直劳动，为《爱丁堡报》撰写文章来赚取微薄的收入，直到最后他得到了提升并且因坚韧、勤劳和独立而获得了回报。

笛福的一生长期与困境、债务斗争。他经常卷入争吵当中，而大多数都是他自己挑起的。从年轻时起他就十分喜欢写小册子，并且从来没有停歇过。他依次做过蒙茅斯公爵的士兵、波形瓦制造工、规划人、诗人、政治家、小说家、散文家和历史学家。他对颈手枷非常熟悉，因为他曾在监狱里待过很长的时间。他的一个对手指责他唯利是图时，他可怜地宣称他是如何"在追求平静的过程中，被卷入了无数的争吵"，他是如何"因欠别人的钱而被起诉，并且被公众舆论大肆炒作"的。他是如何"在没有任何帮助的情况下，依靠自己的勤劳供养一个大家庭，被迫坚韧不拔地走过债务和不幸的海洋的"。他是如何"在监狱、在收容所、在各种困境中，没有朋友和亲人帮助的情况下坚持下来的"。确实，没有哪个人能像笛福那样一生经历了这么多不懈的战斗和困难了。然而，他所有的文学作品，尽管数量很多，但是都不足以让他还清他的债务。人们认为他死的时候仍然背负着债务。

绍迪同笛福一样也是一位勤劳的作家，尽管他的生活如学生一样封闭，并且不与人争论。尽管他知道债务从来不会变成他的主人，并且在他从业的早期他就决定不欠他不能够偿还的债务。他不仅自己做到了这一点，而且还慷慨地帮助他的朋友—— 一段时间他供养着他的妹夫及其家人——科勒瑞奇以及拉威尔两家，他做到这些仅仅是通过不允许自己有超出自己财力的纵欲行为，尽管他的经济状况通常情况下非常紧张。他所负担的债务可能已经降低了他的勇气和意志。但是他工作、研究并且写作，赚的钱不仅满足了他自己的需要，还满足了那些依靠他的人的需要。他坚持着自己的这一高尚的做法，并且没有什么怨言。他不仅慷慨地帮助自己的亲人，而且帮助处于困境中的老同学。在他的妹夫科勒瑞奇沉醉于吸食鸦片的那段时间，他把他的妻子——自己的妹妹——接到家里住。为了满足人们对他的许多的要求，绍迪所做的仅仅是自己承担了许多额外的工作。他总是乐于给那些寻求帮助的人一些好的建议。通过这样的方式他鼓励过科克怀特、赫伯特·瑙勒斯以及杜桑托伊，这三个人都非常有才华但是都英年早逝了。他不仅给他们建议和鼓励，而且不时地用钱来接济他们。并且他时常帮助查特顿的姐姐，以免她陷入绝对的贫困。这样，他一直高尚地、无私地工作着，直到生命的最后时刻——他在对文学的追求当中寻找幸福与快乐，“学识比不上贫穷，贫穷比不上骄傲，骄傲比不上快乐”，这是他曾经说过的话。

沃尔特·斯科特先生一生当中最感人的就是他在与他有莫大关系的康斯特布尔出版公司倒闭之后的行为。他曾经建造了阿伯茨福德，成了一位地产拥有者。他是本县的地方长官，并且认为自己是个富有的人。在康斯特布尔公司突然倒闭的时候，他发现自己欠的债务超过了100英镑。当他听到这不幸的消息时，说：“就这样失去了一生的劳动，并且最后成了个穷人。这个消息太令人难过了。但是如果上帝能让我在以后的几年里身体健康并且有力量的话，毫无疑问，我将会将这些债务全部偿还掉。”每个人都认为他会被击垮，而且他几乎也这么认为他自己了。但是他永远不会放弃自己的勇气。当他的债权人建议他搞创作的时候，他的自尊心阻止他听从这些人的建议。他回答说："不，先生们，时间以及我本人都反对我这么做。"尽管债务都是因别人而欠下的，但是他让自己成为法定的债务负责人，强烈的正直的原则，他决定，如果可以的话，他会还掉所欠的最后一法寻钱。并且他这么做了，但却因此耗费了自己的一生。他离开了自己在城里的房子和家具，将它们移交给债权人保管，自己全力以赴每年偿还一定的债务。

他通过进行新的文学创作来做到这一点，其中的一些作品还是恢宏巨作。尽管这些作品的问世使他偿还了大部分的债务，但是对他的名誉的提升却没有起到什么帮助。他的第一批作品中有一部作品就是9卷的《拿破仑·波拿巴的生平》，这部著作是在痛苦、悲伤以及绝望当中历时13个月完成的，完成这部著作的收入是14000英镑。即使是在身体瘫痪的情况下，他也笔耕不辍，在大约四年的时间里，他还了大约三分之二的债务，这在文学历史上是无人能比的成就。

在生命的最后几年里他所付出的牺牲与努力，甚至是在瘫痪的时候他也很少能停下笔，这些都展示了斯科特真正英雄的一面。他以他不屈的精神一直坚持到最后。当医生劝告他不要从事这么繁重的劳动时，他回答说："如果我闲下来，我就会发疯，跟这相比，死算不了什么。"在他最后的那次致命的病情发作之前不久，他在阿伯茨福德的房子前的草地上坐在轮椅上打盹，他突然就惊醒了，扔掉了盖在身上的布披，喊道："这是可怕的闲散，把我推进我的房间里去，拿上我书桌上的钥匙！"他们把他推进了书房，并且在他面前放好了纸和笔。但是他已经不能握住笔了，也不能写作了，眼泪流过他的面颊。他的意志没有被征服，但是他的体力已经耗尽了。最后他去世的时候，就像个熟睡的小孩子一样。斯科特认为每一个敏感的人都会感觉到贫穷要比债务的负担轻。贫穷没有什么值得鄙夷的，它甚至有可能是对伟大精神的有益的激励。杰恩·鲍尔说："在金山和黄金宝座之下，埋葬了许多精神巨人。"瑞希特甚至认为贫穷应该受到欢迎，这样在人生当中贫穷才不会来得太迟。无疑斯科特的负担更重，因为他是在年老力衰的时候债务才压在他的身上的。

莎士比亚原先也是个穷人。卡莱尔说："如果没有在埃文河畔斯特拉特福德的穷困、不幸以及紧张的环境，莎士比亚也不会依靠宰杀小牛和编制羊毛维持生计了。"我们也许可以将弥尔顿和德莱顿最好的作品归功于他们微薄的收入。

约翰逊也是一个十分贫困的人，但是他非常勇敢，他从来不知道财富是什么。他的智慧总是要多于他的财富。并且正是智慧决定人的穷与富、快乐与不幸。他粗暴坦率的外表掩盖了他男子汉的以及高尚的性格。他很早就知道贫穷和债务意味着什么，因此希望自己能与二者不沾染上任何关系。在上大学的时候，他的脚都从鞋里露了出来，但是他穷得连一双新鞋都买不起。他的头脑里装满了学识，但是他的口袋却空空如也。在伦敦最早的几年里，他是怎么样渡过困境的，读者可以从他的著作《生活》中窥见一斑。他一天的生活费用仅有四个半便士，在穷得连床都睡不起的时候，他跟萨维奇整晚都在街上转悠。他勇敢地战斗，从来不抱怨命运，只是最好地利用它。

这些早期的痛苦与奋斗经历给他的性格刻下了痕迹，但是它们也丰富了他的经历，增强了他对他人的同情心。即使在他最困难的时候，他在心里也同情那些比自己更困难的人。并且他从来都乐于帮助那些需要帮助的人，或者是比他自己还穷困的人。从他悲惨的经历来看，关于债务这个话题，没有人比约翰逊更具有发言权了，他在给博斯维尔的信中说道："不要习惯于把债务只看作不便，你会发现它是一场灾难。首先你要注意不要欠任何人的债务。不论你富与贵，花费都要少些。节俭不仅是生活平静的基础，而且是善举的基础。”

在给律师辛普森的信中他写道：“小笔的债务就像是小子弹，它们向四周发射，人们很少能躲开而不受伤的。大笔的债务就像是大炮，声响大，但是危险小。因此你必须能偿还小笔的债务，这样你就有闲暇时间可以有保障地处理其余的大债务了。”“先生，”他对有耐心并且从善如流的博斯维尔说，“尽量地保持心灵的平和，并且要量入为出，你就不会犯更大的错误。”

那些凭智慧、才能和天赋生活的人，不知道为什么养成了不知节俭的习惯。查尔斯·诺迪尔，写过一位杰出的天才，说他“在智慧和艺术方面，他是一个天使，但是在日常生活方面，他却是个孩子”。这句话用在许多伟大的作家和艺术家身上也许也很合适。他们当中最伟大的那些人全身心地投入到他们的特殊事业上了，以至于他们都没有考虑如何通过努力将他们的才华转变为英镑、先令和便士。如果他们把钱放在第一位来考虑的话，这个世界也不会流传下来他们天才的作品了。弥尔顿也不会仅仅为了第一次出版从出版商那里所获得的5英镑钱而在他的著作《失乐园》上花费这么多年的辛劳了。如果席勒仅仅是为了生计而靠他的作品赚钱的话，他也不会为了创作出达到思想顶端的作品而辛苦耕耘25年了。同时天才的人不能无视数学的一般原则。如果他们花的比他们赚的多，他们会陷入债务中。抱怨这个世界的无情也不能使他们摆脱债务。他们必须像男人一样依靠自己的优点能屈能伸；如果他们不知节俭，他们将会承受和别人一样的后果。萨克雷在他的著作《彭登尼斯》中刻画山登船长这个人物的性格时，对从事文学职业的人进行了许多的批判，然而，他只不过是说出了事实而已。他说：“如果一个律师、一名士兵或者一个牧师入不敷出、不能付清他的账单的话，他就必须进牢房了。作家必定也是如此。”文人不能因为他们是文人而被忽视，他们没有权利期望因为他们是文人社会就会忽视他们的恶习。为了整个世界的利益，也为了他们自己的利益，文人以及艺术家们都应当像其他人一样“为将来不幸的日子”作准备。斯特尔夫人说：“想象和艺术应当照顾好它们在这个世界上的舒适和幸福。”世界应当慷慨地帮助他们，所有的好人都应当帮助他们，但是，最好的莫过于他们自己帮助自己。

第六章 财富与慈善

谁躺在里面?

是我，罗伯特·唐克斯特，

我花我曾经拥有的，

我给予我现在拥有的，

我离开了，我什么都没有了。

——A.D. 墓志铭 1579年

如果你是一个富人，那么你也是个穷人，

因为你像头驴，背上的铸铁让你的腰无法直立。

你背负着大量财富的生活只不过是个旅程，当你死去的时候，就什么都没有了。

——莎士比亚

对于许多懒人来说，乞讨来的一便士要比挣来的一先令更能给他们带来甜蜜的感觉。

——道格拉斯·杰罗尔德

那个穷人偷了一头猪，苍天在上，要把那些快跑的马给他吗？

——西班牙谚语

为了慷慨人们必须节俭。节俭的目的不在于其本身，而是要把他的益处扩张到别人。它建立医院、赠予财富、成立大学并且传播教育的影响。仁慈来源于头脑中和心灵中最好的品质。它神圣的精神把世界上的捐赠者——霍华德家、克拉克森家以及泽维尔一家提升到了道德天才和国民崇拜的最顶端。同样的感觉也在我们共同的人性上得以蔓延。最穷困的人、每天工作的人、最卑微的人都分享了那些行善人的恩赐与祝福——施与者与接受者对这种祝福的愉悦感觉是一样的。

“人与人来说是重要的：最贫穷的人渴望在他们疲倦的生活中，有一些时刻，他们知道并且能感觉到他们是一些小小祝福的施与者，对那些需要的人他们曾经好好对待过。只因为这一个原因，我们就都会拥有一颗仁慈的心。”

帮助无助的人是一种人们大加渲染的责任，特别是对于那些承认热爱上帝和对别人有善意的人。不论是单个人还是作为社会成员来讲，它都是一种人类的责任。作为个人，因为我们乐于帮助那些困境中的寡妇和失去父亲的孩子，作为社会的一员，社会要求每个人都成为社会进步和社会幸福的推动者。

不一定富有才能帮助别人。约翰邦德并不富有，但是在他的影响下，成立了贫民学校，他很节省并且攒下足够的钱给他的学生们买吃的东西。他以自己的善良吸引着他们，有时候是以一个“棘手的问题”来吸引他们。他教导他们，并且把他们送到外面的世界，以自己为榜样，在这个世界上工作，并且履行对这个世界的责任。约瑟夫·兰卡斯特，主日学校以及其他学校的创立者，也不是一个富有的人，还有托马斯·赖特，监狱慈善家也不富裕，还有圣保罗·文森特和马修神父——教育和节制的推动者也是如此。伟大的科学巨匠牛顿、瓦特、法拉第都是如此，还有伟大的传教士泽维尔、马丁、凯里以及利文斯通等人都不是富裕的人。

在沃尔顿的有关多恩神父的回忆录里记载了一个仁慈与慷慨的很好的例子。多恩神父长期收入拮据，当他成为圣保罗大教堂的主教的时候，他的收入足够满足他全部的需求之外还有所剩余。他感觉到这些收入授予他是让他做好事用的，用于帮助人们并且展现施与者的荣耀。在他的个人账单的最下边，“只有上帝和他的天使才能看见”，多恩神父首先计算出他的收入，然后计算出给穷人的钱以及其他虔诚用途上的钱，最后剩下的就是自己和家人的钱。做完这些之后，如果还有点儿剩余，他就会感激地做祷告。多恩神父所做的善事大部分都是秘密进行的，他左手做的事情他的右手都不知道。他把许多的穷人从监狱里解救了出来，帮助了许多的学者，并且他找了一个值得信赖的助手或者谨言慎行的朋友来分发他给那些最需要的人的东西。他认识的一个原先比较富有的朋友，由于性格太过自由、疏忽大意，地产生意失败，陷入了穷困的境地，多恩送给他一百英镑，但是这位绅士谢绝了他的好意，说他不缺钱。沃尔顿在谈论这件事情的时候说：“那些有一些慷慨精神的人努力去掩盖并且忍受令人难过的贫穷，而不是忍受承认自己贫穷面对他人时的脸红，性格与优雅造就了这些如此可爱的富有同情心的灵魂，他们同情处于困境的人们并且阻止人们陷入困境。”我谈起这些事是因为多恩先生对那个朋友的回答。他回答说：“我知道你不缺少保持天性的东西，因为很少的东西就可以做到那一点。你在富裕的时候曾经鼓励过许多身处逆境的朋友，让他们振作，我希望你现在也能从我这里得到这些东西，来使你振作起来。”听到多恩这么说，他的这位朋友接受了这笔钱。

事实上，我们把财富的力量夸大了许多。为了改造人们的恶习，使人们改邪归正，许多人进行了大量的募捐。但是捐献还是做不到这一点。这是性格能完成的工作，金钱是绝不能完成的。伟大的社会变革从来都不会因为财富而发生。为把人们从不知节制、目光短浅以及漠视宗教中转变过来，并且引导他们在追求正确的、高尚的目标的过程中寻找乐趣，需要诚挚的心灵、真诚的奉献以及努力的工作。金钱在很多方面都会起作用，但是就金钱本身来讲并无什么作用。传道先驱者保罗将基督教的知识种子播种到了大半个罗马帝国，然而，他自己却以制作帐篷为生，而不是以募捐为生。拥有渴求的、诚挚的、真诚的心灵的人要比那些富有的人更愿意把钱捐给慈善事业。

人们对金钱的估计超过了对其他任何事物的估计。所有的那些出去寻找“社会”高位的人都认为金钱是必要的。在钱的事情上，他们可能很大方，但是他们也很骄傲。一些人为赢得他人好的评价，其伪善的日常生活行为只不过是令人作呕的表演而已。金·詹姆斯在他的小说中说：“哦，几尼，叮当响的几尼，听说小查尔斯改掉了浪费的恶习，斯蒂尼正在就无节制的邪恶发表演说，这真是非常好的事情。”

一些人对金钱盲目崇拜。古代以色列人有他们的金牛犊；希腊人有他们的金丘比特。老庞得贝珍视那些价值“十万英镑”的人。

其他人也是如此。最原始的人类天性喜爱金钱、喜欢占有、喜欢标价。“他值多少钱？”“他收入多少？”是人们经常提出的问题。如果你说“有一个非常好、非常仁慈、道德非常高尚的人！”没有人会注意到他。但是如果你说“这儿有一个值一百万英镑的人”。那么人们会一直盯着他看。许多人过去常常聚集在海德公园的角落里看一个富有的人从这里经过。“老克罗克来了”，并且这群人分列两旁让他在赞美声中走过去。老克罗克福德靠经营赌坊赚了许多钱。

戈尔先生说：“一提几百万就会使英国人的耳朵发痒。他如此爱钱以至于他宁愿替国家付债，向国家纳税，并且当运用到私人业主那里，金钱使他们顺从了低劣的思想、出身、习惯和追求……如果雄心和对金钱的热爱能抬高一个国家的话，那么它们只能使组成这个国家的个人变得无足轻重。在追求财富的过程中，英国人逐渐失去了追求更高品质的视野……我们对铁路泡沫的追求以及其他方面的疯狂投机都充分证明了，无论是在这个世界或是其他世界，对资金的渴望已经取代了其他任何好的抱负。”

对金子的热爱驱走了它面前的任何东西。对钱的追求已经成为这个国家既定的风俗。许多人痴迷于金钱以至于看不到其他的任何一种幸福或者低估了这些幸福。然后这些爱钱的人通过做慈善来重塑他们的道德水准。金山已经重重地压在了他们的心上和灵魂上了。那些能够承受得住财富重压并且仍然勤奋刻苦、心智依然坚定的人必定是非常厉害的人物了，因为富有的人几乎都懒散、奢侈、纵欲。

“如果金钱，”梅瑟教区的格里菲斯神父说，“没有让人忘性，那么这个世界上一半的罪恶就不会发生。如果业主更接近他们的工人，而且工人也被允许更接近他们的主人，我们现在就不会经历这么严酷的考验了。让主人们做一些事情使得工人们远离酒馆，让他们将巨额财富的更多的部分用于建造人们休闲和娱乐的场所；让他们提供更好的住房、提供更体面更便利的设施以及更宽阔的街道。如果这些都能被做到的话，那么我们将不会再有不让工人工作的事情了,也不会再有罢工了。我们听说无数的财富被从我们这片古老的威尔士土地上挖掘了出来，但是我们却没有听说并且实际上我们很少看到公共建筑、人民公园、公共图书馆、公共机构以及其他的文明机构。15个月之前，当时我们正处于繁荣的鼎盛时期，我就说过上面的这些话但是没有引起注意。当金币像冬天的雪花一样四处飘落或者像夏天的蓝莓一样堆积的时候，有谁会注意到一个传教的牧师或者一个基督教教士的话呢？”

人们辛苦劳作，想成为富人，不顾一切地与贫穷斗争，同时，他们的四周却是一派富足的景象。他们节省又节省，攒了一个又一个先令，并且有时候为了能获得更多一点儿的利益而去做非常龌龊的事情，尽管他们积攒的财富已经远远超出了他们实际享受所需要的。但是，他们仍然继续，在无尽的担心之中增加自己的财富。也许这样的人在早期没有享受到教育的好处。他们没有文学上的快乐可以享受，他们对书没有什么偏好。有时候他们仅仅是会写下他们自己的名字。除了钱以及什么能赚钱之外，他们什么都不想。他们没有信仰，只相信金钱。他们严格管教他们的孩子，让他们在奴性的教育中成长。

最后积累的财富传到了孩子们的手里。先前他们的花销被严格控制，现在他们变得挥霍了。他们已经被教育得没有什么更好的品味了。他们花钱大手大脚。他们不像他们的父辈那样在事业上勤奋打拼，他们会成为“绅士”，并且“像绅士”那般地花钱。要不了多久，钱就像长了翅膀一样都飞走了。有许多这样的例子，家族的第一代人努力变得富有，第二代人就开始恣意挥霍，到了第三代就又重新陷入贫困之中了。有一句兰开夏郡的谚语是这么说的：“两代木鞋，一代长靴。”意思是，第一代人穿木底鞋并且积累起“财富的力量”，他们富有的下一代花掉了他们攒下的财富，而第三代人又重新得穿上木底鞋了。当一名议员的候选人在竞选活动中发表演说时被问到是否他很有钱。“很有钱？”他说，“唉！我有很多钱，我的钱都发臭了。”

苏格兰也有相同的社会传承。有一句谚语是这么说的：“祖父挖坑，父亲富有，儿子乞讨。”也就是说祖父一辈的人辛勤工作并积攒下财富，父亲一辈的人建造好房子，而儿子一辈的人却是“不知节俭的一辈”，当土地和财物失去之后，他们就开始偷东西。商人有时候今天还是王子，明天可能就成了乞丐，只要商人家庭里有从事投机行为的人，那么给他们带来地产的才华可能最终会剥夺他们所得到的这些。

为了年老的时候能够生活快乐——这个年纪的人应当永远不再有辛劳、忧虑和赚钱的烦恼了，他们必须在青年和中年的时候保持他们的思维健康活跃。他们必须通晓各种知识，并且对他们所做过的和正在做着的为了使这个世界在代代传承的过程中变得更加美好繁荣的所有的事情都要感兴趣。大多数人都有足够的闲暇时间使自己对传记和历史产生兴趣。他们也可以获得大量的科学知识或者一些不同于赚钱的更为高尚的追求。仅仅靠娱乐是不行的。没有人能靠娱乐增加自己的快乐。单纯享乐的人是结局悲惨的人，特别是在年老的时候。单纯辛劳的人稍微好一些。因为对文学、哲学以及科学的研究充满了平和的享受，享用终生。如果那些富有的老人除了挣钱之外没有其他的乐趣，那么他的老年生活就变得悲惨了。他还在同一个轨迹没完没了地辛劳，也许正变得越来越富有。但是那有什么用呢？他又不能把他的金子吞掉，他也花不了这些财富了。他的财富没有给他带来好处，反而成了一种诅咒。他是贪婪——最卑鄙的罪恶的奴隶。人们会把他当成一个可鄙的人来谈论。甚至在他自己看来他也变成卑鄙的了。

当一个富有的人将要去世的时候，发现除了把他的手伸进一堆刚从银行里取出来的崭新的钱之外再没有别的什么可以安慰自己的东西时，他的结局是多么的悲惨啊。这个世界慢慢地从他的眼前消失，他还抓着他的钱不放，拿着它们、抚摸它们，然后他咽了最后一口气，他死前最后的努力就是抚摸他的金子。埃尔维斯这个守财奴，在死的时候叫道："钱是我的，没有人能把我的钱拿走!"多么恐怖、令人羞耻的一幕啊!

富人因过于节俭所受到的惩罚比穷人因缺钱而受到的惩罚还要多。他们变得吝啬，担心他们自己每天正在变穷，并且会在乞讨中死去。我们知道几个例子，一个伦敦最富有的商人，在过了一段时间的贫困生活之后，来到了乡下——他出生的教区，并且向发放贫民救济的管理员申请救济。尽管拥有万贯家财，但是他仍旧害怕自己会变穷。他被授予救济之后，很快就去世了。北方一个最富有的商人也是在接受救济中去世的。当然，所有的给这些富人救济的教区当局都从这些富人的遗嘱执行人那里得到了回报。

这些富人死后留下了什么呢？仅仅是他们那"富人"的名声吗？但是财富并不构成卓越的要件。只有那些粗俗的人才会向慕财富。金钱就是市场上的毒品。活着的最富有的人当中有一些都是无足轻重的人。他们当中的许多人相对无知。他们没有什么道德和社会价值可言。不久之前，一份包括224名英国百万富翁的名单公布。其中的一些人被认为是吝啬鬼，一些人是投机的"聪明人"，一些人是大型挖土机工人，一些人是矿工、制造商。一些人在他们自己当地的圈子之外鲜为人知，一些人出身非常低微，很少的一部分人出身显赫。对于他们我们所能说的就是他们死的时候都是富翁。

杰瑞米·泰勒说："在这个世界上，所有的富人和贪婪的人都会感觉到，世界上所有的人都会感觉到：对于他们的忧虑，财富只不过是一种不充分的回报，到这个时候所能留下的只有这些：他的邻居们会说他死的时候是个富翁，然而，他在躺进坟墓之后，他的财富并不会给他带来什么好处，只是极大地增加了他生命末日的痛苦记录而已。"

戈尔夫人说："在英国，将苦苦追求财富视为一种比在欧洲大陆国家更可以原谅的行为的主要原因在于家庭财产的分配不均和变化莫测。乡下的绅士和专业人士——而且，他们不是假装的绅士——他们一样受到创造'一个大儿子'来排斥和贬低他们的小孩子的狂热的折磨，这样被最亲近的人、最亲爱的人欺骗的人们丝毫没有自尊地、不考虑别人的权利地去盲目崇拜财神。他们受到伤害，他们又伤害别人。他们把时间都全身心地投入到了维护他们与生俱来的权利的斗争上了。利益婚姻、可耻的交易以及政治上的假公济私，其原因都可以追溯到把大儿子变成富人、而把他的兄弟变成穷人的罪恶的体系。"

但是民主党人像贵族一样对财富有着极大的热爱，并且许多朴素的共和党人都想成为百万富翁。政体并不影响对财富的渴望。老加图是一个高利贷者。他赚钱的一个方法就是以低价买下年幼且瘦小的奴隶，然后将他们养胖，训练他们干活，再以高价把他们卖出。布鲁图斯在塞浦路斯岛的时候，以48%的利息往外借钱。没有人因为他放高利贷而说他坏话。华盛顿，美国自由的英雄，将他的奴隶遗赠给了他的妻子。他没有想到要给这些奴隶自由。市府的渎职行为在纽约广为人知，据说有影响的纽约公民深陷于政治腐败之中。米尔先生说东北很多州的人们都已经明显摆脱了所有的社会不公正和不平等。人口与资本和土地的比例可以确保每一个强壮的人的富足；他们享受着宪章的六条权利并且从来不抱怨贫穷。然而“所有的这些好处带给他们的是：男人们一生都投入到赚钱当中，而其他人则一生都投入到养赚钱的人上。”米尔先生补充说，“这些不是那些慈善家愿意帮助实现的社会的完美。”

萨拉丁，叙利亚、阿拉伯半岛、波斯和美索不达米亚地区的伟大的征服者，是他那个时代最伟大的勇士和征服者。他拥有无上的权力和巨额的财富。但是在劝说之下他充分认识到了财富的空虚。在遗嘱中他下令将他大量的财富分发给穆斯林、犹太人和基督教徒，目的是让这三个宗教的神父或者圣者替他请求上帝的宽恕。他命令他死时候所穿的衬衫或者上衣要裹在长矛的顶端，士兵举着长矛在整个营房游行，并且举着长矛的士兵走在军队的前面，在间歇的时候大喊：“看，这就是萨拉丁大帝留下来的所有的东西——这就是他征服了许多国家之后留下来的东西，这就是他征服了许多的省之后留下来的东西，这就是它积累了无尽的财富之后留下来的东西，这就是他拥有无尽的财富死后留下来的东西，在他死后留下来的只有这件寿衣。”

萨拉曼卡，西班牙伟大的铁路承包商，早年的时候是格拉纳达大学的一名学生。在那里，用他自己的话说，他穿着最老式、最破旧的长袍。他是一个勤奋的学生，在离开大学之后，他成了西班牙报界的一员。后来，他成了克里斯蒂娜女王的内阁成员，当上了财政部长。这个职位使他的商业才华得以显现出来，并且激发他进入商业投机事业中。他在西班牙和意大利建造铁路，并且在成立的几家轮船公司中担任最大的股东。但是在从商的过程中，他并没有忘记文学事业。每周他都邀请文学界和报界的领军人物举行一次公开的讨论会，而这些客人们也以最节省的方式来邀请他作为一种回赠。莎士比亚、塞万提斯、但丁、席勒以及其他文人的塑像都摆在他的屋子里。

在为他的健康向人们回谢时，萨拉曼卡提到了他大学时的经历以及他在报界的工作经历，他说："在那之后，对金子的热爱占据了我的灵魂，在马德里我发现了我所崇拜的目标。但是，我并没有丢掉我年轻时的梦想。相信我，先生们，能实现所有愿望的人是最快乐的。我建议你们坚持自己的道路。罗斯恰尔兹的名声在他死的那一天就会终结。不朽是赢得的，而不是买来的。这儿在我们面前的是光荣陶冶了文学艺术情操的人们的雕像，我在欧洲的每个地方都能发现他们的塑像，但是在任何地方我都没有发现有哪一尊塑像是为纪念那些一生扑在赚钱的事情上的人而雕塑的。"

财富与快乐之间并没有什么必然的联系。有些时候据说快乐与财富成反比。大多数人一生当中最快乐的时光就是与贫穷做斗争并且逐渐战胜贫困的那一段时光。然后，他们为了别人的利益而进行自我克制，为了确保未来的独立生活他们从自己的收入中省钱，他们在为日常生计辛劳的同时陶冶着他们的情操；他们努力使他们自己变得更加聪明、在家里更加快乐、对这个社会更有用。爱丁堡的出版商威廉姆·钱伯斯在谈到他早年的工作时说："回想那段非常快乐的时光，我几乎为我不能再重新经历一次而感到遗憾了。当我在爱丁堡的一间阁楼里学习的时候，我口袋里装的钱还不足六便士，但那时要比我坐在雅致舒服的大厅里学习快乐得多。"

每一种生活都会有补偿。富人和穷人命运的区别并不像通常想象中的那么大。富人通常不得不为他们的特权付出沉重的代价。他对他的财富感到焦虑。他可能会成为敲诈勒索的受害者。他容易受骗，他是每个人的目标。他被一群人包围着，直到他钱包的每个孔都流出鲜血。就像在约克郡人们说的那样，当人们变得富有时，钱很快就会"溜走"。或者，如果是从事投机生意，富人的财富可能随时会飞走。他可能重新努力一次，然后在凭“市场运气”的投机上心力交瘁。失眠是富人的通病,想着赚与赔让他无法入睡。他在白天醒着，晚上也醒着。“脑袋里的财富”是无休无止的，充满痛苦的。

富人吃得过多，喝得过多，而且有痛风病。想象一下一个人的脚趾上夹着个老虎钳会怎么样。让这个老虎钳夹住关节并且紧紧地扣上。再次拧紧，他痛苦不堪，然后突然再向下拧紧，拧紧！这就是痛风。希德哈姆曾经说过：“痛风不像其他的疾病，因这种病死亡的富人要比穷人多，聪明的人要比单纯的人多。伟大的国王、皇帝、将军、海军将官以及哲学家都死于痛风。在这里，大自然显示了她的公正，她在一些方面偏爱一些人，而在另一些方面却使他们忍受痛苦。”或者富有的人因为饱食终日而失去了胃口，而穷人吃任何食物都津津有味并且什么都能吃得下。一个乞丐向一个富人祈求施舍，因为“他很饿”，“很饿？”这个百万富翁说，“我是多么羡慕你啊！”阿伯瑞提斯给富人开的一个处方就是：“每天花一先令，并且把这一先令赚回来。”当约克公爵向阿伯瑞提斯请教有关身体健康方面的问题时，他的回答是：“减少供给，敌人很快就会离开堡垒了。”那些思想简单的工人有着鸵鸟一样的消化系统，那些不劳动的人是永远不会忘记他还有一个胃，并且不得不仔细查看他吃的每一口东西的。勤劳和消化不良很少能统一在一起。

许多人羡慕富人的财富，但是不愿意经历获得财富所经历的风险、疲倦和危险。据说丹斯克多年未见的一位老朋友去他在巴黎的公馆拜访他时，被他的住处的奢华、摆设的富丽堂皇以及花园的宏伟壮丽惊呆了。公爵从老朋友的脸上看出了羡慕之情，坦率地对他说：“你只要满足一个条件，你就会拥有你看到的这一切。”“什么条件”？他的朋友问。“这个条件就是，你站在离我二十步远的地方，让我用火枪对着你射击一百次。”“我是绝对不会接受这个条件的。”“那么，”

这位陆军元帅说，“为了得到你所看到的一切，我已经面对了有超过一千次的射击了，并且距离枪还不到十步远。”

马尔波罗公爵经常面对死亡。他变得富有并且给他的后代150万英镑去挥霍。公爵是个吝啬的人。据说布伦海姆战役之前，尤金王子去他的帐篷里开会，他的仆人点了四根蜡烛，为此他斥责了他的仆人。斯威夫特这么说过马尔波罗公爵："我可以发誓，在他的所有的战役中他从来没有丢弃过他的行李。”但是这只不过是展示了他完美的将军风范。据说在巴斯塔身患疾病、身体虚弱的时候，为了省下六便士，他步行从病房回到他的住所。但是这也许是可以理解的，因为他可能是为了锻炼身体才走回去的。人们都知道他曾经给一位值得嘉奖的士兵1000英镑，因为这名士兵想买下一个军官职务。当有人对柏林布鲁克提醒马尔波罗公爵的缺点时，他说："他是非常伟大的一个人，我不记得他曾经有过那样的缺点啊。”

贫穷并不可耻。经常会听到对“真诚的”贫穷的赞美。如果一个人不会卑鄙到做坏事，不会为了钱而出卖自己，不会有一些不诚实的行为，那么他的贫穷就是值得尊敬的。那些不负债并且有所盈余的人不是穷人。那些购物时全部支付现金的人不是穷人，而是比较富有。他们比那些因穿衣、穿鞋以及吃饭而欠了裁缝、鞋匠以及屠夫钱的懒散的绅士们要快乐得多。孟德斯鸠说："一个人贫穷不是因为他一无所有，而是因为他不愿意或者不能工作。”那些能够并且愿意工作的人比那些拥有一千克朗而没有必要工作的人要好得多。没有什么能像贫穷那样点亮人的智慧。许多伟人最开始的时候都是穷人。贫穷通常会净化和提高人的道德水平。对于那些精神饱满的人来讲，困难的任务通常都是最振奋人心的。如果我们从历史中寻找证据，人类的勇敢、真诚和高尚并不与他们的财富成比例，而是与他们财富的微少程度成比例。最出色的人通常是最贫穷的人，他们总是认为自己有足够的钱可以满足他们世俗的需求了。一位圣人曾经说过“上帝创造了贫穷，但是他并没有创造不幸”。贫穷和不幸之间存在着巨大的差别。诚实的贫穷是值得尊敬的，而悲惨是可耻的，因为后者大部分是由于懒人和酗酒的人行为不当所造成的结果。贫穷对于那些能够忍受它的人来说算不上是丢脸的事情，但是如果他发现乞丐的拐杖在他的手里变暖和了，那么他就不会做什么好事了，只会做许多邪恶的事情。

与富人相比，穷人通常是最快乐的人，尽管他们令人羡慕，但是却没有人愿意处在穷人的位置。摩尔曾经讲述过一个东部的暴君的故事，他派一个使者去世界各地寻找最快乐的人。如果找到这样的人，使者要立即抓住他，脱掉他的上衣，把上衣带给这位暴君。使者找到了最快乐的人，他是一个爱尔兰人——他总是挥舞着他的橡树棍快乐地跳着舞。但是当使者过去抓住他，想要脱掉他的衣服时，却发现这个爱尔兰人根本没有穿上衣。

下面的这一部分无疑是最好的：“远离虚荣与谎言：不要给我贫穷或者富裕，给我适当的食物。”对快乐来说，性情分配不均要比财富的分配不均重要得多。大卫·休谟说过，满足的性情至少相当于一年一千英镑的收入。蒙田曾经说过财富能给予的很少。人类的善与恶并不取决于财富，它只不过是善的种子。比财富强大得多的灵魂随自己的意志改变或者运用它，这样财富就会变成快乐或者悲伤性情的唯一原因。

英国以其慈善事业闻名于世。基佐先生宣称在英国这片土地上，对各种形式的苦难而树立起来了高贵的、免费礼物的丰碑，没有什么比这更能使来这里的陌生人惊讶于我们的资源并且羡慕我们使用资源的方法了。国内的慈善家要比来访的外国人看得更深刻一些，他们对捐钱的效果可能会有另外的一种看法。“慈善的效果完全是好的”这种说法遭到了很多的质疑。慈善，就像人一样，有时是盲目的，并且经常会被误导。除非钱被明智的分配，否则，通常它所带来的弊要大于利。如果慈善真的能够帮助或者改善穷人的生活，那么伦敦现在就成了世界上最快乐的城市了：因为在伦敦，每年搞慈善的钱大约为三百万英镑，有大约三分之一的人接受慈善机构的救济。

筹集善款十分容易。捐赠名单上的名字不断证实了这个事实。一些有影响力的人要求一个富人捐钱，富人很容易就会出钱。因为捐钱节省了时间，而且捐钱被认为是一种宗教责任。然而，在捐钱的时候不假思索，没有考虑到怎么使用这些钱，这些钱没有给我们的同胞带来什么好处，相反却常常成了我们给他们的最大的伤害。真正的仁慈不在于出钱。慈善的捐赠如果没有区别地给穷人，那么除了削弱自尊的基础并且摧毁美德自身的外垒之外不会起到任何其他的作用。许多形式的仁慈却产生了它们原本想要消除的罪恶，并且鼓励穷人阶层养成了依靠别人的施舍的习惯，忽视了那些他们能力范围之内的更为有益的社会福利方式。

有人可能会想每年300万英镑足可以拯救伦敦那些身处困境的人了。然而，即使这所有的钱都花光，贫穷仍然在增加。花在慈善事业上的钱除了创造了它不能消除的其他困境之外，也加剧了它本要救济的贫穷。如果没有接受过教育的人和懒散的人有希望不经过努力就可以生存的话，他们就不会通过自己的努力谋生了。当慈善机构提供了所有的节俭和富有远见的一切，有谁还会节俭以及为未来作准备呢？不需要劳动就能获得有利的、舒适的礼物以及勤劳的馈赠难道不会削弱精力和自力更生的基础吗？难道获得慈善救助的唯一必要条件的贫穷不会诱使人们自我纵欲、堕落以及一直过贫穷的生活吗？

那些不愿意自己奋斗、自己努力的人最先得到救助。最坏的那种人过得最舒适，而那些努力工作、自力更生的人，鄙视依靠慈善生活，却被迫支付钱来养活那些懒人。慈善事业已经将它的手伸向了社会上道德最为败坏的那些人，而却很少寻找和帮助那些奋斗不息和诚实的人。正如卡莱利所说的："哦，我的令人惊奇的仁慈的朋友们啊！在物质状况较好的时候你们从来没有想过管它，而用新的费率和评价来压迫、压紧它，直到它泄气并且宣布自己腐烂，这个时候你们贪婪地抓住它，说：'让我们在你身上做些好事吧！'"

只给钱的慈善行为是一种对懒散的纵容——通常是一种懒散的恶习。纯粹的给钱是不会发挥慈善的作用的。正如一位作家近来所说的那样："道德高尚者的罪恶、虔诚者的亵渎以及聪明者的愚蠢是占不了人性残忍的大部分的。在这个世界上，一大部分职位上的聪明人一直作着抵消善行的努力。"

"公共慈善，"已故的利顿勋爵说，"通常只不过是对公共的惰性和邪恶的奖励。人类智慧的谬误给人们带来的教训是多么的深刻啊！这样的同情是多么大的物质浪费啊！个人的错误会导致国家道德的多么大的堕落啊！慈善是一种贴近人心灵的自豪的感情，它是一种贵族的情感！穆罕默德在恶习最难以控制的时候——两性行为放荡的时候证实了对他这类人的深刻的认识，并且鼓励最容易实践的美德——慈善。"

在伦敦有牧师说慈善不利于宗教在人们中间的传播。斯通神父说："对于那些一手拿着《圣经》，而另一只手中没有一片面包、一条毛毯或者一个先令的穷人来说，慈善是不受欢迎的客人。这并不奇怪。通过慈善救济这个盛行的体系，他们已经在这种世俗的精神中得到抚慰。他们有这种自私的期望是正当合理的。没有被允许学习伟大的有益的节俭的课程——在他们的行为和他们的条件之间有着必然的联系，他们被这个人为的体系教会只要凭贫穷本身就足以要求救济。这样助长了他们成为浪费、堕落、欺骗以及虚伪的人。”

真正的慈善家是那些努力消除不幸、依赖以及贫困的人，特别是那些不懈地帮助穷人自立的人。这正是“教区妇女布道团”的最大的优点。他们与伦敦几个教区的人们紧密联系，并且在许多方面协助他们。但是避免给予人们不加区分的施舍。他们的目标就是“帮助穷人自立，并且通过让他们感到自己可以自立来提高他们的道德水平”。所有的阶层都有做慈善事业的足够的空间，并且最可喜的是一些优秀的女性加入到了这一高尚的事业。

近年来有许多的其他社团成立，提供了更高、更合理以及真正的更仁爱形式的慈善的可喜的例子。这些社团有的旨在改善工人阶层的居住条件，有的旨在为工人建造浴室和洗衣房，有的旨在为工人、海员或者仆人建造房屋，有的旨在培养工人阶层的远见和节俭的习惯，还有的旨在在人民中传播知识——这些都是重要的社团。这些社团并没有削弱人们自力更生的基础，反而真正地帮助人们自立，是值得认可和鼓励的。他们旨在提高人民大众的生活条件体现了最高层次的慈善，并且在任何时候都能产生很好的结果。

快要死的富人通常都很担心他的钱。如果没有结婚或者没有继承人，这些富人会发现怎么处理他们生前聚敛起来的大堆的金银是一件非常困难的事情。他们必须立个遗嘱并且把遗嘱交给某个人。以前的时候，富人们会留下钱支付人们安慰他们的灵魂的费用——可能现在还有许多人这么做。一些人建造救济院，另一些人建造医院。一些人把钱留做给穷人的施舍，或者留给与死去的富人同名同行业的人。这样的做法仍然存在并且经常会产生危害。例如，艾尔文的一个名叫弗格森的人，发了一大笔财，当他去世的时候，他不知道该如何处理他的钱财。他那50万的财产并不能延长他一小时甚至一分钟的寿命。他叫来两名牧师帮他立了个遗嘱。他死后，遗嘱被宣读，发现他的财产的部分利息要分给他的有任何亲属关系的亲戚，另一部分利息分给几个教派的牧师（之前没有得到过赠予）。这个金诱饵吸引来了他很多的亲戚。他们大部分都是处于最贫困阶层的人。他们当中的极大部分人都放弃了工作，一些人开始酗酒，成了他们各自街区令人厌烦的人，并且不久就因嗜酒过度而死去。其他不喝酒的人也辞去了工作，并且终日将手插在口袋里四处闲逛。总而言之，弗格森给他的亲人们的遗赠是十足的罪孽。但是随着酗酒的人相继去世，财产的受托管理人拨出收入的一部分设立了三个年度奖学金（每个期限为两年），这样弗格森的遗赠最后还算是做了些有益的事情。

富有的美国商人斯蒂芬·吉拉德的遗产是另一种不同的情形。吉拉德是波尔多人，很小的时候他就成了一名孤儿，在一艘船上当船舱服务员。大约10岁或12岁的时候，他第一次乘船去了北美。他没有接受过什么教育，只稍微通晓一点阅读和写作。他努力工作，渐渐地积攒他的收入，后来开了一家商店。住在纽约的沃特街时，他爱上了柏丽拉姆，一名填塞船板缝隙的人的女儿。父亲禁止他们俩成婚。但是吉拉德坚持不懈，最终迎娶了柏丽拉姆。后来的事实证明这是一个非常不幸的婚姻。他的妻子对他没有认同感，他变得易怒、粗暴、阴郁，他又开始海上航行的生活。在他40岁的时候，他指挥着自己的单桅纵帆船，从事纽约、费城以及新奥尔良之间的沿海贸易。

后来他在费城定居下来成了一名商人。他将整个身心都投入到了他的事业中，因为他下定决心要变得富有。他的生活非常的节俭，甚至近乎苛刻。他从事任何能赚钱的工作。他对生活中的奉承一概不理，对财富的渴望已经占据了他的灵魂。他的生活就是不停地劳动。记住，吉拉德在家里是个不快乐的人。如果他被赐予一个快乐的妻子的话，他的性格可能会变得柔和一些。他与她一起度过了痛苦的十年，她就精神失常了。她在宾夕法尼亚的医院里躺了大约二十来年，并且死在了那里。

然而，吉拉德身上不仅仅只有冷酷严厉的一面。在他的内心深处隐藏着人性的一面。1793年当费城爆发黄热病时，他善良的一面显露了出来。感染黄热病死去的人多达数千人。医院里都找不到照顾病人的护士。因为护理得这种病的人被认为肯定会被传染并死去。

“财富没有贿赂的力量，也没有迷人的美丽，

压迫者，也都一样地在他的愤怒的鞭打之下死去。

只是，啊，穷人，既没有朋友也没有人照顾，

偷偷离开，到救济院——这个无家可归者可去的地方死去。”

在许多人都被传染上这种疾病的时刻，吉拉德抛下自己的生意，为了提供服务，到公立医院当了一名管理者，彼得·赫尔姆担任他的助手。吉拉德的生意才能立即显现了出来。他有很强的组织能力，他的工作不久就效果显著。原先的一片混乱变得秩序井然，洁净代替了脏乱，原先的浪费现在变成了节俭。原来被忽略的地方现在得到了极大的关注。吉拉德确保每个生病的人都能得到适当的照顾。他亲自照顾被这种讨厌的疾病折磨的病人，照顾快要死的病人并且为死人处理最后的事务。最后这场瘟疫被制止住了，吉拉德和赫尔姆又重新回到他们普通的工作中去了。

在费城参观穷人的人在穷人们的本子上看到了这样的记录："斯蒂芬·吉拉德和彼得·赫尔姆，委员会的成员，同情由于医院缺乏适当的人进行管理而可能导致减少收治病人的不幸的境地，自愿为这项仁慈的事业提供服务，并且他们所带来的惊喜和满足只能凭想象而无法用语言完全表达出来。”

斯蒂芬·吉拉德的勤劳和节俭的结果我们可以从费城看到——

从他居住的那一排排的漂亮的房子——最重要的是从吉拉德大学的宏伟的大理石大厦中看到。他将他的大部分财产都用于公共事业上了——主要是用于建造和维护一所公立图书馆和一个大型的孤儿院了。可能是考虑到自己孤独凄凉的状况——年幼时被抛弃在陌生人和外国人中间，成了一个孤儿，他为那些穷苦的人、被遗弃的人以及失去父亲的小孩设计了这些宏伟的慈善事业。在吉拉德大学里，有一间房子经过了独特的装饰。“吉拉德指示说留一间合适的屋子保存他的书籍和报纸。但是出于过度的虔诚的关心，抑或是畏惧近亲，所有的平常的、男人在家里用到的东西都被放到了这间屋子里。有箱子、书柜，他的叉子、长腿橡胶靴，他的照片以及陶器；在他的书柜上，胡乱地挂着他的背带——旧的，简单编织的背带，在讲述着它们所经历的那些简单而有趣的故事。”

伦敦最好的一家医院是由图书销售商托马斯·盖伊建造的。据说他曾经是个吝啬鬼，无论如何他必定是个节俭的人。如果不节俭的话是完不成盖伊所建造的这家医院的。能做成这样事情的人必须为了他人的利益克制自己。托马斯·盖伊早年就规划过仁慈的方案。他最初在塔姆沃斯为14名穷困的人捐建了贫民救济院并且给每个人发补助金；在经过一番思考之后，他又给这些人配了一所图书馆。他本人在塔姆沃斯求过学，在那里他无疑目睹了那些饥饿的、无家可归的人们没有饭吃，在严寒的冬天里受冻的惨景，他所捐建的救济院就是为了救助这样的穷人的。他当时是伦敦的一名图书销售商。盖伊并不是因为售书而是因为买卖南海股票发达起来的。当股市泡沫破裂的时候，他抛售了所有的股份，获得了几十万英镑的赢利。这些钱他都主要用于捐建以他的名字命名的医院了。这栋建筑于1724年他去世之前封顶。

大部分的苏格兰捐赠者都把钱用于建造有教育目的的医院上。

这样的医院首推由詹姆士一世的金匠乔治·赫利奥特在爱丁堡捐建的赫利奥特医院，这所医院的目的是供养并且教育180个男孩。但是医院的地产增值了——因为医院建在爱丁堡的新镇，大部分都建在乔治·赫利奥特自己的土地上——慈善业务得到了很大的扩张，现在有多达4000名的男孩和女孩在城市的不同地方免费接受教育。另外还有乔治·沃特森医院、约翰·沃特森医院、孤儿医院、两少女医院、考文医院、唐纳德森医院、斯图尔特医院以及近来才刚刚开办的宏伟壮丽的菲迪斯大学，这些机构都是由苏格兰的捐赠者为了使孩子们能接受普通教育以及高等教育而捐建的。爱丁堡被称为教育捐赠之城也许更为合适。除了这些之外，还有已故的安德鲁·贝尔神父在圣安德鲁斯创办的马德拉斯大学；约翰·玛克拉伊创办的美元机构；在阿伯丁、班夫和莫里县为了提升教区学校和校长的声誉和地位的迪克的遗赠。这个最后的遗赠的效果是最值得称赞的。它提高了公立学校提供的教育的声誉，这可以从剑桥大学看出来，在剑桥大学里，从北方各县来的学生在各科的学习上都非常优秀。

近来英国的捐赠者们也开始效仿苏格兰捐赠者的做法。曼彻斯特的欧文大学、利物浦的布朗图书馆和博物馆。惠特沃斯为了提高技术说明设立了30个奖学金，每个奖学金的年度金额是一百英镑，还有约西亚·梅森为了以“明智的、广泛的以及实用的科技知识”来教育成长的一代在伯明翰创办了科技大学——形成了一系列非常优秀的机构，我们希望有更多的像这样的机构能不断涌现出来。一个人在把他的财富用在高尚的事业之前，不需要躺在绿草覆盖的坟墓里腐朽。他可以在他活着的时候就做善事，并且在一开始的时候就可以按自己的意图行事。

在伦敦那些最伟大的捐助人当中，我们不应该忘记美国银行家皮博迪先生。要讨论他的功勋恐怕得花很大篇幅，但是我们在此只用一段来讲述有关他的事情。他是最先看到或者最先改变伦敦工人阶层无房可住状况的人。当时正在建造地上或者地下铁路，新的街道正在被修建或者拓宽，在建造新的公共建筑的同时，穷人们居住的房屋被摧毁了，大批人聚集在一起，不知道该去哪里。他们住得越挤，就越容易滋生多种疾病。一些协会和公司成立在一定程度上对这些弊病做了补救。悉尼·沃特洛先生是最先带头这么做的人，其他人也效仿他这么做。但是直到皮博迪先生给伦敦的穷人一大笔捐赠之后，大规模处理这种弊端的行动才开展开来。他的受托人在伦敦的各个地方为工人建造了一排排的住房，并且这样的住房不断地向其他地方延伸。皮博迪先生所建造的住房为工人的住房应当是怎么样地提供了范例？这些房子干净、整洁、舒适。它们减少了酗酒行为，提升了道德水平。皮博迪先生意欲用他的财富“直接改善穷人的生活条件、提高穷人的舒适程度”。并且他希望做这些事情的结果“不仅被现在的人们所称赞，而且也能得到将来伦敦几代人的称赞”。从他的受托人所做的一切可以看出他们忠实地、高尚地按他的意愿行事了。

所有的这些穷人的捐助者最开始的时候都是中等收入的人。其中的一些人还曾一度贫穷。约瑟夫、惠特沃斯先生曾经是南华克刨床发明者克莱蒙特先生的临时工程师。约西亚·梅森先生曾经做过水果小贩、临时面包师、鞋匠、毛毯编织工、珠宝商、分裂钢环制造商（做这份工作的时候,他赚到了他的第一个一千英镑）、钢笔制造商、铜铸工、电镀工，他的最后的这个职业让他发了财。皮博迪先生也是凭借自己的努力一步一步往上走，从美国的一个小职员到伦敦的银行家。他们的捐赠都是他们自制、勤劳、节约以及节俭的结果。

仁慈之花并不总能结出果实。规划一项仁慈的事业是很容易的，但是要付诸实施却是非常困难的。我曾经在别人的劝说下对一个规划的筑路工之家很感兴趣，但是这项工程遭到了冷遇，失败了。那些筑路工人，建造了英国的铁路和码头，是一群努力工作但却非常不节俭的人。他们都心地善良，但是有时也酗酒。在工作的时候，他们经常要冒很大的风险。有时候他们会受非常严重的伤，比如骨折，导致终生残疾。例如在修筑曼彻斯特、谢菲尔德以及林肯郡的铁路时，有22个人身体复合骨折，74个人简单骨折，除了这些之外还有爆炸引起的烧伤、严重的创伤、划伤以及骨头错位。在一次爆炸中，一个人失去了他的双眼，另一个人炸断了胳膊。有许多人失去了他们的手指、脚、腿、胳膊，不能再继续工作。

在了解了筑路工人们所面临的这些风险后，一名最杰出的承包商想到一些办法来帮助那些受伤的工人们度过他们以后的日子。在作者的朋友——已故的埃博拉先生说了下面的一段话后，作者才开始关注这个问题："我刚刚拜访了一位非常富有的大承包商，他请求您协助他成立筑路工之家，您知道许多从事铁路建造的承包商和工程师都积累了大量的财富。他们当中的一些人积蓄已经高达数百万。我的这位承包商朋友不久之前在路边的阴沟里发现了一个可怜的、疲惫不堪的老人。他问沟里的人：'喂，是你吗？'他叫了那个人的名字。那个人回答说：'哎，是我。''你在这里干什么？''我来这里等死，我不能再工作了。''那你为什么不去救济院呢？那里会有人提供你需要的东西的。''不，我不去救济院，即使我死，我也要死在露天的地方。'这个承包商认出沟里的人是他以前的一名筑路工。这名筑路工为他和其他承包商工作了许多年，当他们这些承包商发财的时候，为他们工作多年的这位筑路工人却沦落到在阴沟里等死的地步。承包商深受触动。他想到有许多其他的筑路工人肯定也需要类似的帮助。不久之后，他患病了。在患病期间，他一直在想他能为筑路工人们做些什么。他想到了为筑路工人们成立'筑路工人之家’，他希望我来请您协助他成立这个机构。”

对作者来说这看起来是一个可敬的工程并且同意尽全力完成它。但是当要求那些最有可能帮助完成这项工程的人协助完成这个项目时，他们给项目泼了很多的凉水，很明显，他们反对这项规划。也就是说“不能成立筑路工之家”。当然，借口很多。“筑路工是最奢侈的工人，他们挣的钱都挥霍掉了。他们把钱花在了啤酒、威士忌、赊东西给他们的女商人以及香槟上了。如果他们死在阴沟里，那也是他们的错造成的。如果他们愿意的话，他们本应该让他们活得很舒服的。为什么要让别人除了给自己的老年作准备之外还得给他们作准备？有救济院，让他们去那里好了”等此类的理由。要想打一条生病的狗，是很容易就能找到棍子的。至于那个最初的规划人，他恢复了健康之后，就忘记了要捐建“筑路工之家”这回事了，这个计划也就烟消云散了。

“恶魔病了，他会变成一个圣人，恶魔好了，他就是一个圣人。”

第七章 健康的家

住所是文明最好的保证。

——迪斯雷利

洁净体现穷人的优雅。

——英国谚语

美德不会与肮脏污秽长久地待在一起。

——坎特·伦福德

在每一条路上，他会注意到，
都有更多的仆人在等着他，
当疾病使他面色苍白，身体乏力的时候，
他有朋友可以依靠。

——乔治·赫伯特

人们说健康就是财富，确实，没有健康，财富也没有什么意义了。靠劳动为生的人，不管是体力劳动还是脑力劳动，都把健康视为拥有的最珍贵的财富。没有健康，生命就没有什么乐趣可言了。人类体系已经被构造得将提供乐趣成为人们物质存在的一个主要目标。人类体系的整体安排、结构以及功能都巧妙地适应了这个目的。

每一种感官的活动都是令人快乐的——视觉、听觉、味觉、触觉以及肌肉的运动。有什么能比完全健康的感觉更令人快乐呢。完全的健康是身体机能总体的正常运转。“乐趣，”萨斯伍德·史密斯博士说，“不仅仅是人生的目的，而且是适应长期生存的唯一的生活条件。越快乐的人寿命越长，越痛苦的人死得越早。增加快乐就是在延长生命，遭受痛苦就等于在缩短生命。”

快乐是健康生存的法则，痛苦和不幸是健康生存的异常状况。痛苦并不完全是一种邪恶，它只不过是一种值得称赞的警告。它会告诉我们已经违背了某些法则，侵犯了某些规律，没有遵守某些自然义务。它是一个监视器，告诫我们要调整我们的生活状态。它实际上是在说：“重返自然，遵循自然规律，就会重新快乐起来。”这样，可能看起来有些矛盾，痛苦是人类感官享受的一个条件，根据托马斯·布朗的说法，痛苦像死亡一样，是享受生活的一个条件。

为了获得感官上的享受，因此，必须遵循自然规律。为了发现和遵循这些规律，人类已经被赐予了理性的才能。如果他没有运用这一才能——他没有遵循这些自然规律，那么痛苦和疾病必定会随之而来。

人类自身违背了自然规律，那么他就得承受相应的痛苦。他懒惰并且吃得太多，那么他就会受到痛风、消化不良或者中风等疾病的惩罚。如果他喝酒太多，那么他就会变得臃肿、颤抖并且虚弱起来，吃东西没有什么胃口，体力不支、身体衰微，并且最终被伴随酒鬼脚步的无数疾病缠身。

社会也同样承受着痛苦。街区没有排水装置，街道脏兮兮的。大批的人挤在不利于健康的小屋子里，街区的空气污浊不堪，然后爆发热病、霍乱或者瘟疫，疾病从穷人可怜的住处一直蔓延到富人舒适的家，带去的是死亡和毁灭。这样的不幸和痛苦不能不说是人们故意造成的，因为避免这样的结果的必要的知识是所有人都应当知道的。

任何地方不管有多少人住在一起，空气也会变得不好，除非配备了经常的变换以及清新空气的工具。如果没有足够的通风，空气中就会布满碳酸——主要是呼出的废气。人类呼出体外的任何气体，一旦通过肺被重新吸入就会对人体有害。因此，纯净的空气是非常重要的。缺少食物对人体造成的伤害要比缺乏纯净空气对人体造成的伤害小。一个14岁的人，24小时需要大约600立方英尺的封闭空间维持呼吸。如果他入睡的房间小于这个标准，或多或少地他都要受到伤害，并且逐渐地接近窒息。

将一只老鼠关在一个玻璃器皿里，它就会因反复吸入自己排出的废气而逐渐死去。将一个人关在一个封闭的空间里，他也一样会死去。英国士兵死在加尔各答的黑洞里就是因为他们缺少纯净的空气。在制造业发达的城镇里，大约有一半的孩子在5岁之前就夭折了，主要也是因为他们缺少纯净的空气。哈姆博尔特讲述了一个船员在一个密闭的船舱里因发热将要死去，他的同伴们把他放在船舱外，想让他在露天下死去。但是他没有死反而活过来了，并且最后身体痊愈了。他是被纯净的空气给治好的。

成人当中呼吸不纯净的空气最常见的后果就是热病。萨斯伍德·史密斯博士说："最重的市政赋税就是热病税。据估计利物浦每年有7000人身患热病，其中大约有500人会丧生。20岁到30岁之间的人或者是那些有一个小家要靠他供养的人通常会患这种病。由于热病导致的死亡，留下了许多的寡妇和孤儿，给所有的制造业大城镇的居民带来了沉重的税负。普雷菲尔博士在仔细研究了这个问题之后认为每年兰开夏郡用于预防疾病、患病以及死亡的损失高达500万英镑，但是这还仅仅指的是身体和金钱的损失。道德损失要比这大得多。"

从前英国诗人笔下的那些"快乐而恭顺的乡村青年"以及"彬彬有礼的牧羊人"现在都到哪里去了？现在，在哪儿都找不到这样的人了。现代的斯蒂瑞芬和菲利斯是一对非常谦恭的夫妇，住在一间泥地的小屋里，每周挣12到15先令来养活一家人。完全不像坐在潺潺的小溪边用笛子吹奏"回旋曲"来打发时间的以前的斯蒂瑞芬那样惬意了。可怜的人！他很少能抽得起烟，他的时间都花在劳动上了，可是他的工资却是那么的低。至于达菲尼斯，他是个笨拙的年轻人，既不会读书也不会写字，他的克洛伊也好不到哪里去。

菲尼亚斯·弗莱彻唱的"牧羊人的家"的歌曲歌词是这样的：

"啊，牧羊人的生活要比他人快乐。

快乐的是王室，不快乐的是小兵。

他的房子是低矮的，有一扇安全但简陋的大门。

将自豪的命运关在门外，带着对她的嘲弄与奉承。

不必担心叛国罪惊扰了他的好梦。

整天歌唱，他学会了保护他的羊群。

他就像他的小羊们一样单纯。

他所习惯的生活，从来不会把他欺骗。

充满了无尽的甜蜜与安心。

光叶的山毛榉接受他，

给他阴凉，直到正午的强光过去，

他不必在骚乱的世界里过颠沛流离的生活，

也不会在安逸中迷失自己，

当他喜欢的时候，

他过着快乐的生活。”

这样的牧羊人去哪里了呢？是多轴的纺纱机吞噬了他们吗？啊，就像哈瑞斯女士所说的那样 ：“没有这样的人了。”这样的人曾经存在过吗？对此我们持强烈怀疑的态度，也许他只出现在诗人的想象里。

在道路和卫生改革之前，阿卡迪亚人的田园生活是一个美丽的神话。撰写蓝皮书的人把这一切给永远地摧毁了。农业劳动者没有体面的房子——仅有可怜的小棚子可以居住。他们很少进行清洁和装饰。睡觉和起居用两间屋子，只有那些最大的家庭才能这样。有时候他们只用一间屋子。除此之外，他们还有一间休息室，用于存放厨房用具、洗衣用具、农业器具以及脏衣服。在睡觉的屋子里，父母和他们的孩子，不管男孩还是女孩，都睡在同一间屋子里，通常情况下这样的屋子没有窗户——亮光只能从半茅草覆盖的屋顶上投射下来，并且使他们暴露在天气的无常变化之中。丈夫在家里感觉不到舒适，就去酒馆里寻找舒适。孩子们不知体面、不知自制地长大。至于那些不认真的妻子和女儿们，她们的命运是非常悲惨的。

通常农村事务不会成为报纸讨论的主题，因为报业的力量尚没有触及偏远的乡村地区。但是我们偶尔也会听到为了阻止乡村变为“乞丐的窝”而把整个的乡村摧毁或者夷为平地的消息。一名议员在议会委员会面前毫不犹豫地承认说他“已经摧毁了26到30个农舍”。如果这些农舍不被摧毁的话，那些年轻的夫妇就会居住到里面。失去财产的人会变成什么样子呢？他们会挤住在没有被摧毁的房子里，如果房子的主人同意的话，他们会拥向救济院，或者更常见的是他们拥向了城镇里，在那里他们自己以及他们的孩子至少还有希望找到工作。

我们的制造业城镇根本就不是它们应当成为的样子——不够清洁、不够健康、管理不够完善。但是乡村的劳动者认为城市的悲惨比不上乡村地区的悲惨。并且年复一年，他们拥向制造产业寻求自己的家庭和工作。这就充分说明了我们的“自夸的农民，他们乡村的骄傲”的真实的状况。

乡村劳动者的知识、智力状况与他们的财产状况不相上下。西部各县的人与伦敦东部地区的穷人一样不文明。赫利福德郡主管教区的委员会的一份报告中说：“过去的许多迷信思想还存在于我们的教区里。对幸运和不幸运的日期和季节的评论很普遍。人们怀着极大的尊敬看待月亮的位相——这个位相表明可以服药，另一个位相表明可以杀一头猪。在许多房子的门上都放着十字交叉的小树枝，而且从来没有改变过它们的十字形状。在许多马厩的门上还保持着古老的放马掌的方法。人们虔诚地相信魔力，相信圣餐上提供的用一先令做成的圈儿能治疗痉挛；用驴身上拔下的毛编织成项圈套在小孩子的脖子上也能起到相同的作用；尸体的一只手放在脖子上可以驱散粉瘤。在知识水平很低的乡村，人们长期惧怕的‘恶毒的眼睛’现在依然令人们非常害怕；如果一个邪恶的人突然死去，人们通常会听见他的‘声音’，或者看见他的鬼魂。除了这些之外，还有把死亡信息传达给蜂窝的习俗，相信如果信息能被保留在蜂窝里的话，他们的主人就不会死。”

悉尼·史密斯曾经说过，与其说是优雅还不如说是事实，在所有国家形成的初期，即使那些文明程度最高的国家，人们也过着像猪一样的生活。如果过去能像现在一样有卫生记者存在的话，那么我们无疑就可以得到有关过去的英国“乡村青年”和“牧羊人”实际生活和家庭住宿状况的记录了，这将与菲尼斯·弗莱彻的描述大为不同。即使现在的技工住的也要比撒克逊和诺尔曼时代的绅士们舒适多了，如果我们可以获得真相，那么我们就可以发现尽管现在我们的农业劳动者的状况非常糟糕，但是我们祖先的情况也好不到哪里去。

让一个人脱离动物生活方式的第一个方法就是给他提供一个健康的家。毕竟，家庭是世界上最好的学校。孩子们在家里成长为成年的男人和女人，他们在家里吸收最好的抑或最坏的道德素养，他们的道德和智慧在家里得到极大的培养，不管是好的方面还是坏的方面。男人只有在家里才能真正地通人情、变文明。好的家庭里充满了纯洁和高尚的道德氛围，而在坏的家庭里则充满了个人的污秽和道德堕落。

学校对孩子们性格的培养所起的作用很小。他们的性格是在父亲和母亲——他们的兄弟、姐妹以及同伴的影响下形成的。学校所能给的教育是多么完善却又无关紧要：它也许包括所有的系列知识，然而，如果学生每天必须回去的家是一个不体面、邪恶、可怜的家的话，那么他在学校所学到的一切只不过被证实是相对没有意义的。性格和性情是家庭熏陶的结果，如果物质和精神条件很恶劣，那么性格和性情就会被破坏被摧残，在学校里所获得的知识也会被用于邪恶的方面而非好的方面。

家不应该仅仅被看成是吃饭和睡觉的地方，而是一个保持自尊、得到舒适以及享受家庭乐趣的地方。大量的使社会堕落的小小恶习进而膨胀成使社会蒙羞的犯罪，在自尊的影响之下会大大减少。家要成为一个快乐的地方，要给家人有益的影响特别是对家里成长的小孩有益的影响，家里必须弥漫舒适、清洁、情感以及智慧的氛围。为了确保这一点，一个秩序良好、勤劳、有教养的女人是必不可少的。因为家庭的幸福如此地依赖这个女人，我们可以肯定地说家庭是否快乐完全取决于这个女人。只有一国的家庭得到改善，这个国家才能前进，而要改善家庭则必须依靠女人的才能。这些女人必须知道怎样才能让家变得舒适，并且在她们了解这一点之前她们必须得到相关的教导。

因此女人必须得到足够的培养。这样的培养可以使她们胜任现实生活中的责任。对她们的教育应当是按照她们将来作为妻子、母亲以及家庭主妇的身份来进行的。但是所有阶层的人，甚至是最高阶层的人，对女孩子的教育很少是根据这样的目标进行的。在工人阶层中，女孩出去工作；在高一些的阶层当中，她们被送出去学习一些俗艳的东西；男人们则从她们中间，经常不加判断地选择英国未来的妻子和母亲。

男人很少关注或者根本就不关注女人的智慧和才能。只有当他们发现自己的家死气沉沉、了无生机时才发现女人的价值。男人在女人的明亮的眼睛的一瞥之下，被红扑扑的双颊、漂亮的身材所俘获，“坠入爱河”。随着时间的推移，他们从来没有想过这些他们“所爱的人”是否会缝补衬衫或者做布丁。然而一旦结被系上之后，即使最容易动感情的丈夫也必须从“狂喜”中冷却下来，并且不久之后他就会发现女人的一双巧手要远远比她的明亮的眼睛重要得多；如果女人不会缝补衣服、不会做布丁，那么这就是这个男人的不幸，也是这个女人的悲哀。如果家庭里缺少了许多的物质舒适的要素，不久这个家就会变得可恨，这位妻子，无论是多么漂亮，都会被忽视，并且酒馆会把法律和教堂结合在一起的人隔开。

对于家庭事务男人是非常无知的。如果他们能思考一下家庭事务的重要性的话，他们也不会这么容易就冲入不成熟的家庭管理当中来了。无知的男人选择了同样无知的女人做妻子，并且给这个世界带来了他们的小孩，但是他们完全没有能力培养这些小孩，那么家就不再是家了，只是一个寄宿的地方，并且常常没有什么舒适可言。

我们所说的不仅仅涉及那些最贫困的劳动者，也涉及那些在大制造城镇工作的收入较高的工人。那些男人每周的收入是两到三英镑，高于主要牧师和银行职员的平均工资。尽管他们把大量的钱花在喝酒上，但是他们通常不愿意将收入的很小一部分哪怕是每周半克朗花在为他们自己以及他们的孩子提供一个体面的家上。结果会怎么样呢？他们使自己和家人都堕落了。他们挤住在肮脏街区里的没有任何健康或体面可言的房子里，住那样的地方即使付很小的租金也不能与他们的住宿条件相匹配。结果必然是丧失自尊、智力退化、身体健康受损以及过早地夭亡。即使是思想境界最高的哲学家被置于这样的环境之下也会逐渐变得野蛮起来。

但是这样节省下来的钱或者没有花在租房上的钱并没有被合理地利用，而是被挥霍掉了。由于住宿条件恶劣而导致的疾病经常会使工作中断，不断地从储蓄银行或者互助会里往外拿钱，并且最终很快沦落到向贫民救济所请求救济。尽管中层和上层阶级的人损失是巨大的，但是工人阶层由于他们忽视为他们的家人提供健康、舒适的住所造成的损失更大。我们做出如下的断言也不为过：那就是大城镇的互助会一半的钱都被用于补救那些因为恶劣和不健康的家庭所造成的损失了。

但是还有更糟糕的结果。由于住宿条件恶劣而产生的对身体素质的低标准要求是酗酒的一个主要原因。查得维克先生曾经批评一个表面上很理智的工人将他的一半的收入都花在了威士忌上。这个工人回答说："先生，如果你住在这里的话，你也会喝威士忌的。"查得维克先生说："我不明白为什么把醉酒的习惯完全归咎于恶劣的卫生状况，但是，与我有着同样经历的人肯定都会得出这样的结论：不健康不快乐的家会使家人失去活力并进而失去劳动的力量。无法控制外部情况的意识会诱使成千上万的人用有毒的药品和麻醉的酒精来使自己从可怜的不幸中暂时得到解脱。他们就像水上的海员一样与包围他们的邪恶做斗争，但是，最终，看不到任何希望的时候，就会用酒精麻醉自己并且毁灭自己。"

有人说工人住的房子就像他们自己的房子一样，尽管这些房子条件恶劣而不健康，并且支付租金，同时还存在供给与需求的制约。但是现在提供的住房确实存在大量的需求，因为房租比较低。如果工人阶层避开那些不健康的街区和低价的住所，只租那些符合健康要求、清洁的房子的话，那么房主就会改进他们的房子，使房子达到舒适和健康的标准。真正的补救方法必定在于工人阶层本身。让他们下决心提高他们租房标准吧，这样改革才能获得很大的成功。

我们已经讲过了那些业主是如何努力为他们的工人提供更好的住宿条件的，讲了那些穷人的捐助者，比如，皮博迪先生以及博得特·库茨夫人是如何改善健康家庭的住所的。然而，结果怎么样必定取决于工人自己的个人反应。要他们可以选择住健康的房子还是不健康的房子的话，那么他们应该选择前者。但是通常他们不这样选择。也许因为每周会有六便士的差别，在不知道健康的好处的情况下，他们会选择不健康的住房，因为这样的住房是最便宜的。但是患病之后不得不支付的医药费加上工资的损失要远远超过因租金便宜而省下的钱，更不用说舒适的损失、洁净的缺乏以及因为吸入污浊的空气而导致的精神萎靡了。

建造一所健康住房的成本并不比建造一所不健康的住房的成本高多少。就建造房子的人来说，他们不了解相关的卫生知识，不乐意提供良好的住房。健康和不健康的住房的占地面积都是一样的，需要的砖和泥灰的数量也不相上下，纯净空气的价钱跟污秽空气的价钱也一样。采光也都不花钱。

一个健康的家要有一个节俭、清洁的女人来打理。这样的家可能是一个充满舒适、美好和快乐的家。这样的家里家庭关系和谐，当丈夫听到妻子、儿女或者邻居那充满感情的声音时，他会想起许多美好的回忆。这样的家不仅仅是一个本能的巢穴，还是年轻人成为不朽人物的训练场、心灵的庇护地、暴风雨的避难所、劳动之后甜蜜的休息地、痛苦时的安慰、成功时的骄傲以及任何时候的快乐。

为了传播卫生科学的知识人们已经做了许多的事情。它并没有什么神秘的，否则我们早就请教授们在大学里教授有关它的知识了，并且让学生毕业以后在人群当中实践它了。也只是在近几年，卫生学才得到普遍的认可；这样的结果并不是因为医疗人员，而是一名律师的功劳，他使得卫生学在许多重要的议会法案中都得到了体现。

埃德温·查得维克仍然没有受到与他同时代人的公正的评判。尽管他是那个时代最不知疲倦的、最成功的工人，并且极大地影响了当时的立法，但是他可能还没有那些四流的议会议员出名。

查得维克先生属于一个兰开夏郡的家族，在曼彻斯特附近出生。他在伦敦接受了他的大部分教育。选择法律作为职业后，26岁的时候他成了内殿的一名学生。在那里为了维持生计他为日报做报道、写文章。他的学识并不出众，但是他具有明锐的洞察力并且做事坚韧不拔。不管在实现他确定的目标的过程中有多少艰辛，他都准备好去面对，不论他所设定的目标最初看起来是多么的遥不可及。

在他职业生涯的早期，他只有一个观念。如果一个观念的目标和结果是有益的，那么一个人的心灵被这样的观念完全占据是一件非常好的事情。它可以给一个人的人生带来色彩与偏爱。这种观念并不新颖，但是有这种观念的人却是一个热诚、精力充沛、工作努力的人。他可以使这种观念在人类的实际生活中得到实现。它就是卫生的观念——卫生运动的起源。

在此我们必须简单陈述一下他是如何努力使这种观念变为现实的。似乎是政府的统计师摩根先生在议会委员会前陈述说尽管中等阶层的境况得到了改善，但是他们的“寿命的预期”并没有延长。这与当时还是学生的查得维克的观点截然相反，他努力想证实那位统计师的观念错误。他阅读并查阅了大量的统计文件、蓝皮书、寿命统计表和人口统计表。为了阐明他的观念、解释他那伟大的思想，他查阅了厚厚的资料，从一个最不起眼的地方找到了大量的支持他的事实资料。

他的调查结果发表在了1828年4月份的《韦斯特明斯特评论》上，查得维克先生用大量的事实和论据证明了人类周围的环境对他们的健康存在一定的影响；人们的健康状况会随着生活环境的改善而得到改善；许多对人的生命不利的疾病和条件是可以为人类所控制并被消除的；在中等和上等阶层中接种疫苗以及消除顽固的酗酒恶习、培养清洁的习惯、发展医疗科学、更好地修建街道和建造房子，根据所有的医学和民间的经验，对延长人的寿命非常有利，并且他证明以上观点所引用的资料都有可靠的来源。总之，摩根先生的观点是错误的。现在广为人知的“预期的寿命”已经被证实并且在较好的阶层中，预期寿命正快速地延长。但是直到埃德温·查得维克参与这个问题的讨论之后，它才得到完全的证明。

查得维克在1829年发表在《伦敦评论》上的另一篇有关“预防警察”的文章被当时已经82岁高龄的杰瑞米·本瑟姆看到了，他对这篇文章非常欣赏以至于他急切地想要与作者见面。结果两人成了朋友并且他们的友谊一直持续到这位哲学家于1832年去世。本瑟姆先生希望他这位年轻的朋友能把全部的时间都用来协助自己准备《行政法典》，并且他还提出，如果查得维克想心无旁骛地发展自己的观点的话，他可以给他一个独立的环境。然而，这个提议被查得维克婉言谢绝了。

查得维克先生在完成他的法律学业后，于1830年被召到法院工作。在那里他准备进入普通法的实践，并不时地为《韦斯特明斯特评论》撰稿。1832年他被任命为专员，与索斯伍德博士和图克先生一道去调查工厂劳工的问题——这个问题是阿什利勋爵和萨德勒先生当时强烈施压要引起公众注意的问题。在提交的委员会报告中，卫生的观念再次被提了出来，报告说“不完善的排水装置、通风设施以及水的供应”及其他类似的问题是疾病发作的根源，伴随着过度的劳累，一起摧毁了工厂工人的健康，缩短了他们的寿命。

同年（1832年）格雷勋爵政府任命了一个重要的调查委员会考察《济贫法》在英格兰和威尔士的运作情况。查得维克先生被任命为助理专员，从事该问题的证据搜集工作。伦敦和伯克郡被分配给了他。他撰写的报告于次年出炉并发表，同时也成了这类报告的典范。这份报告信息量大，分类、安排合理并且由于列出了大量的事实而显得非常生动；报告注意保留了证人所说的每一个字，即使蓝皮书最大的宿敌也有兴趣读这份报告。

查得维克先生完全展示了他对这个问题的深入了解程度，他提出的建议非常有实际意义，在他公布这份报告后不久，他就由助理专员变为首席专员了，并且他与塞尼尔先生于1834年一起完成了专员报告并提交给了众议院。同年《济贫法》修订法案得以通过。该法案大量采纳了专员们的建议。

也许现在可能有人敢说这项法令是现代所有法令当中最有价值的一项法令。然而没有哪部法律能像这部法律这样在实施了这么多年后仍然为一些人所不欢迎。但是查得维克先生从来没有放弃过对这项法令所基于的原则的绝对信任。他坚持不懈地捍卫它、创立它。人们常说："变得受人欢迎是件容易的事情，但是要做出不受人欢迎却公正的决断却需要一个男子汉。"埃德温·查得维克就是这样的一个男子汉，他从来都勇于做正确的事情，即使这些事情被证实是不被欢迎的。

在埋首研究有关济贫法的大量资料的同时，查得维克先生也从未放弃他的卫生理念。他撰写的所有报告当中都鲜明地体现了他的这一理念。他认为现存贫穷当中的四分之一的原因可以追溯到可预防的疾病原因。他对劳动人口以及整个穷人阶层的生活条件所做的细致入微的调查是他充分了解了侵蚀人们的物质方面的罪魁祸首——热病、结核病以及霍乱。使他的心理卫生的理念更为坚定了。

1838年的一天，当时他正担任济贫委员会的秘书，怀特·扎普尔工会的一名干事急匆匆地走进济贫委员会的会议室，一脸愁容地告诉他在怀特·扎普尔的一个死水池周围爆发了一种可怕的热病，当地的人成批地死去。由于事情极端严重，人们把这种疾病与亚细亚霍乱联系起来。得知这个消息后，在查得维克先生的提议下，委员会马上指派阿诺特博士、凯博士以及索斯伍德博士去调查造成人群大量死亡的原因，并且报告整个伦敦的卫生条件。这次调查最终演变成了卫生调查。

同时，作为委员会的成员，他提议最好的方法就是在英格兰和威尔士成立一支有效的警察部队。证据在一份报告中都列了出来，就像狄更斯的小说一样有趣，它展现了对生活在社会底层的人们的生活方式、风俗习惯的别具特色的观察。当这个提议被驳回之后，查得维克先生继续全身心地投入到他的终身为之奋斗的伟大事业——卫生运动中。

1839年，伦敦的大主教在贵族们当中动议将查得维克先生曾经提议的由索斯伍德博士、阿诺特博士以及凯博士对伦敦地区的调查扩展至英格兰和威尔士的所有人口、城市、乡村以及制造业中心。一些爱丁堡的居民申请将苏格兰也包括在内，并且1839年，约翰卢瑟尔勋爵给济贫委员会去了一封信，以皇家命令授权他们在整个英国范围内调查可预防的疾病，这样的调查当时已经从伦敦开始了。从开始进入调查到监督整个的调查过程，筛选资料并且为了出版而对资料进行分类和压缩，这些繁重的任务都落在了查得维克先生头上。

有关城镇居民健康的第一份报告于1842年准备好公布。它本应当以济贫委员会的官方名义发布，但是由于专员们（一些专员在新的济贫法方面跟查得维克先生存在分歧）拒绝为这份包含许多可能冒犯某些重要机构的文件承担责任，查得维克先生就把责任都揽在了自己身上。报告以他的个人报告的名义公布了——实际上，这份报告也的确算是他的报告，他自己以及专员们都承认这一点。

在准备这份报告以及其他报告的过程中，查得维克先生遇到的枯燥、艰辛的工作之多是无法估计的，只有那些知道从全国各地交来的大量的资料中，不管是写的还是打印的，要进行筛选是多么辛苦的人才知道其中的艰辛。只有与手上问题相关的最震撼人心的研究成果才能公布出来，这样的研究成果也确实是值得公布的。查得维克先生所查阅过的资料数量是非常巨大的，倘若现在把这些资料成堆放在他的面前，估计他都得吓一跳。

查得维克先生卫生报告的发布引起了整个国家的极大轰动。像这样的对隐藏在现代文明的公平外表下的恐怖状况的揭露在此之前从来没有被公开发布过。但是查得维克先生并不是仅仅要制造轰动。他心里有一个坚持不懈追求的目标。除非报告的建议能立即付诸实施，否则这份报告没有什么价值。一个卫生党成立了，并且当时的部长，在两党成员的支持下，成为卫生党的实际领导者。

1844年成立了一个以调查所有的卫生为题的卫生委员会。该委员会发布了两份以立法为目的的报告，但是由于期间所发生的自由贸易争斗的问题，几年之内卫生立法都没有取得什么进展。同时，我们的卫生改革者被任命为调查伦敦地区的状况的专员。该委员会发布了三份报告，在报告中详细讨论了伦敦的不完善的排水装置、污水处理系统以及生活用水供应系统，在此之后，政府相继出台了一些重要的法案。

卫生理念最终赢得了胜利，1848年公共卫生法案得以通过，并且任命了一个全面卫生委员会（查得维克先生是成员之一）来监督法案的实施。自法案生效以后，为了使委员会所采纳的卫生原则能够产生实际的效果，采取了大量的辅助性措施。相关的有意义的报告不断得到公布，例如，有关农业用途的污水的报告、流行性霍乱的报告、检疫的报告、排水系统的报告、公共公寓的报告等。总而言之，卫生运动成了一个“伟大的事实”。我们主要应该感谢埃德温·查得维克先生，他是卫生理念的传播者。虽然他卸下了健康委员会里那个颇有影响力的职位——部分是由于他的坏脾气，但是主要还是由于他不和顺的性格——特别是他触犯了反对公共利益的地方当局以及个人的利益。但是在所有的理智、公正的人之间，他的品德仍然如往昔一样高尚。无论如何，他的著作被保留了下来。

我们不知道有什么例子能比这位先生在职业生涯中所展现出来的东西更为令人震撼了。一个怀着强烈的善念的人，只要他有坚定的意志和不懈的精神，他就可以做许多的好事。尽管查得维克先生并不是一个真正的立法者，但是，他所推动的措施要比我们时代的任何一个立法者都要明智。他在公众的心里树立了支持卫生改革的观念。他也使那些心存善念的人认识到为人们提供更好的住房的必要性，从而间接地出现了皮博迪建造的住房、库兹男爵夫人建造的住房以及各种协会为工人阶层所建造的更好的住房。

查得维克先生的行为已经证明了自己是一个最有用、最实际的公共捐助者。他完全可以与克拉克森或者霍华德并列。他的辛劳同样是有益的，一些人可能会说他的这些辛苦所得来的结果才是更有益的。

卫生科学可以用一个词来概括，那就是清洁。纯净的水和纯净的空气是最基本的要素。那些不纯净的东西必须被清洗、消除。卫生科学是所有人类知识体系当中最简单最容易理解的学科。也许正是因为如此，像那些最普通的事务一样，它所受到的关注才那么小。许多人仍然认为对于给房间通风、清洁排水装置、保持房屋和个人的清洁不需要什么科学。

卫生学可能被人们视为是一门令人讨厌的科学。它涉及的是把污秽从人们的皮肤、住所、街道以及城市排除出去。可以用一句话来概括就是“哪里有肮脏，就马上清除，为了人们的健康让那里有充足的纯净水和洁净空气”。以一个大城镇的肮脏的街道为例，在那里你会发现人们经常会患斑疹伤寒。将街道清洗、排除污水，空气和水变得清洁了，热病自然就被驱离了。这不是比吃药更令人满意的结果吗？李先生说，在英国每年万人罹患热病，都是由于这些原本可以排除的原因造成的。这样的结果就如同把五万人从他们可怜的住所拉出来处死一样。我们听到一个人被谋杀的新闻时会感到非常震惊，但是当我们听说每年由于日常生活所引起的身体疾病而使成千上万人失去性命时，我们却很平静。每年由于可防治的斑疹伤寒所导致的死亡人数是滑铁卢战役中死亡的士兵人数的两倍！

由于对确保健康生活的条件的忽视，许多人很早就去世了，他们去世时候的年龄大约是他们应当能活过的年龄的一半。一位医官说："斑疹伤害，对于那些忽视卫生条件的人来说是他们加在自己身上的一个诅咒。"

查得维克先生断言他见过的那些住在利物浦、曼彻斯特和利兹地下室的机工的生活要比霍华德详细描写的曾经引起世人同情的情况更加堕落、悲惨、潦倒。那些爱尔兰的穷人们住在大城镇污秽的街道、弄堂里，他们经常遭到斑疹伤寒的侵袭，以至于在这个国家的一些地方，人们把这种病称为"爱尔兰热病"。在这些不健康的地方，可怕的不仅仅是会失去生命，道德沦丧的程度更是让人心惊胆战。邪恶与犯罪与污秽的生活相伴而生。在这些地方，道德堕落是一种常态。没有干净、没有体面、没有礼貌，污言秽语、挥霍无度现象时有发生，而这所有的一切都滋生了人们的懒惰、酗酒以及肆意的放任等恶习。想象一下在这样的道德环境下，妇女和儿童会怎么样。

身体健康与精神健康、家庭幸福与社会幸福是密切相关的。不健康的住所对精神的损伤程度要远远大于对身体的损伤程度。随着空气污浊、环境肮脏造成的身体虚弱，人的思想也必然堕落起来。没有了自尊，愚蠢、懒惰、倦怠在他的生活中占据了主要地位。性格堕落，并且通常渴望抓住每一片刻的享受，感受血脉偾张的愉悦——这些可怜的受害者飞身投入了深度酒精的恶魔怀中寻求解脱，因此他变得可怜、猥亵、可耻、犯罪以及不幸。

忽视日常生活的健康条件是一件成本大得有些恐怖的事情。它会花掉富人的一大笔钱，以贫民救济税的形式，用于帮助那些由于斑疹伤害而失去丈夫、父亲的孤儿寡母。它也会让富人们在疾病方面也花一大笔钱，因为热病通常会从穷人的住所蔓延到富人的住处，并夺走父亲、母亲以及孩子的性命。富人们也得出一大笔钱用于捐助药房、医院、康复中心以及穷人的收容所等。它会让穷人损失得更多：它会夺走他们的健康，而这是他们唯一的资本。在健康方面他们投入了他们的全部，如果他们失去了健康，如同被下了判决书一样，他们就破产了。不管是对于社会还是对于个人，这样的忽视是多么的可怕，它夺走了穷人的健康并且使他们的生活每天都在奔向死亡。

那么，为什么卫生科学不能被广泛采纳并实施呢？恐怕主要是由于对它的漠视与懒惰造成的。地方当局——市府与监护委员会——他们当中有那么多像玛克拉迪斯夫人这样的人挡道。就像这位脏兮兮的夫人一样，他们“不能被打扰”。去除疾病滋生的物质条件需要不懈、持续的关注，并且更重要的是需要增加支出。有肮脏利益的人坚守着他们的阵地，并且反抗人们对他们的攻击。他们说在那“美好的过去时光”里，一切都很好，为什么现在不能这样呢？而当斑疹伤害与霍乱爆发时，他们告诉我们，小人物应该受到谴责。

多么可怕的“无名氏”啊！他得负多大的责任啊！“无名氏”所做的恶事要比世界上的其他事要多。“无名氏使我们的食物掺假，用有害的酒精使我们中毒，供应我们脏水，在街道上传播热病，使城镇的排水系统失灵。无名氏使监狱、教养所、拘留所人满为患。无名氏造就了捕猎者、盗窃犯与醉鬼。

“无名氏”有一套理论—— 一套可怕的理论。这套理论用两个字体现就是：放任——不管。当人们吃了掺了石膏的面粉中毒以后，救济的方法就是“不管”；当用印度防已代替了酒花，人们过早地夭亡的时候,习惯说是“无名氏”干的。让人们在被欺骗的时候发现“货物出门概不退还，买主须自行担心”吧。当人们住在肮脏的住所里的时候，任凭他们去吧。让悲惨自行其是吧，不要打扰死神了。

“这跟我没什么关系。”一个富人在听说一个穷苦的妇女和她的孩子因为乞讨被从城里赶了出来的时候这么说。救济院没有理会她就把她打发走了。但是这名妇女和孩子继续前行并且在这个富人的家门口坐了下来。孩子死在了那里，斑疹伤寒病毒飘进了金色客厅以及奢华的卧室里，富人的孩子也感染上了这种疾病。

但是现在“无名氏”的作用要比以前小得多了。我们希望他能紧跟老博吉之后，完全消失。不论哪里有苦难和社会萧条，我们都可能会责备一些人。总是有人应当承担责任的。如果我们放任不管，那么责任就在于我们自己。我们单靠个人、单只手也许不能对付邪恶，但是如果我们能联合起来并且以法律的形式给邪恶施加联合的精神上的力量，我们就可以对付邪恶了。法律只不过是共同意志的一种表述。它可以为社会做到这一点，而在社会当中，凭个人单枪匹马的行动，不能取得这么好的、有效的结果。法律可以做的事情有很多，它敢于管那些本来应当是“不管”的事情，不过即使在紧急的情况下，也不能滥用它。

但是仅仅提高城镇的条件像改善排水系统、污水处理系统、路面状况、水供应系统以及取消地下室住所等的效果是相对有限的，除非我们能够做出更多的改善——也就是说能够改善人们的家。设计很好的卫生措施体系可以确保外部的清洁，可以使建造房子的街道地基上的土不被过多的水分浸湿；动物以及植物的废弃物能得到及时的清除——这样街道上的空气才能保持畅通，也才能使居住在房子里的居民呼吸不到有毒的瘴气——它是疾病、痛苦以及不定死亡的源泉。地下室住房应当被禁止，并且对新建的住房应当制定一定的规章加以执行。但是市府以及教区当局到这里就停手了：不再进一步推进了，它并没有进入家庭，并且他们认为这么做没有什么必要。

社区当中的个人努力也是需要的。并且任何取消这一行为的立法都可能是一种罪恶。政府没有建造人们可以居住的房子。这些住房是由大大小小的雇主和资本家提供的。因此，为了确保成功，在卫生改善的过程中考虑到这些人的利益是很有必要的。

个人资本家对给他们的工人提供健康的住所已经做了许多的事情，并且在做这些事情的过程中得到了好处:工人的身体更为健康了，他们的道德水平在各方面也都得到了提高。那些善良的、具有慈善精神的资本家可以让他们的更多的恩赐惠及更多的人。每个城镇能有一些具有进取精神的建筑商实际地考虑这个问题并且为工人提供一些适宜居住的住房吗？——这些住房有通风设施、整洁并且男女分开，健康并且舒适——他们将确实能给整个社会带来好处并且同时，我们相信，对他们自己也会带来好处，这并非什么妄想，而是可以估计到的。

但是这还需要居住在穷人房子里的居民的积极配合。他们也必须诚挚地加入到卫生运动中来，否则，效果相对来说会打折扣。你可以提供有效的供水系统，然而，如果家庭主妇没有用这些本应当被用的水，如果她是一个懒惰的、不知道干净的人，那么房子仍然将是污秽不堪、让人不舒服的。你可以提供通风设备，但是如果堵塞的污垢不被清除，门窗紧闭，外面的纯净空气无法进入，那么房间里仍然会臭气熏天，有害身心健康。无论如何，必须有一个爱整洁的女人打理家务，而且不能通过议会法令让她做到这些。卫生专员们不能用任何“通知”将一个懒散的妇女变成一个爱整洁的家庭主妇。也不能用同样的方法将一个制造混乱的酒鬼变成一个勤奋、爱家的丈夫。因此每个工人家庭里都必须依靠家庭主妇的个人努力。就像近来一位作家就家庭改革所写的那样："我们必须一开始就坚持这样的观点：无论工人阶层的物质以及精神罪恶在多大程度上是因为他们的住所造成的，实际上，更多的原因在于他们自身。因为住房子的人对房子的依赖程度要小于房子对住房子的人的依赖程度，就像是精神对物质的力量要大于物质对精神的力量一样。一所房子无论是多么的简陋狭小，如果住在里面的人是一家体面的、有洁净的习惯的人，那么他们将会努力地最好地利用它，并且会小心不让房间里有任何令人不快的东西——他们有能力清除这些东西。如果房子是样板房子，装备了现代科学所能提供的所有的便利和舒适的设备，如果是被无节制的、有不洁习惯的人所居住，那么很快房子就会变成一个污秽、令人讨厌的地方。一对理智、勤劳、清洁的夫妇会给最简陋的住房带来体面的、受人尊敬的气氛，而挥霍无度的人、酒鬼或者赌徒会把一座宫殿变成一个不舒适、让人恶心的场所。因此，既然住房卫生条件这么多地取决于居住人的性格和行为，那么他们应当感受到他们自己在这些事情上的责任，他们应当知道并且关注改善与他们的家庭相关的各种事物。"

当我们在持续地关注这些重要的事实的同时，应当尽全力为工人阶层提供大量舒适的、体面的以及好看的住房。因为令人遗憾的是由于条件所限工人不得不住在那些不能过体面生活的地区，在那样的地方居住，人们的生命会渐渐逝去。那里的居住条件对人的整体的精力，无论是身体上还是精神上所造成的损害是最严重的。

家是造就人的工厂，人如其家。受周围客观环境的影响，人的思想会变得堕落。随着与那些污秽的东西的不断接触，人的心灵会被侵蚀，举止变得粗野，习惯、品味下降成了必然的结果。在有这么多的穷人居住的大城镇里，你不可能在黑暗、潮湿、混乱以及不舒适的家里培养一种良好的性格，反对邪恶、注重礼仪并且渴望提高道德水平和智力水平。除非我们能采取一些这样或者那样的措施改善他们的住宿条件，否则他们的道德堕落以及社会条件降低是必然的事情。

我们不仅仅需要一个更好的住所，我们还要使人们为了更好地认识好住所的重要性而接受教导。一位爱尔兰房东让他的租户们从泥屋里搬进了他所建造的舒适的房间里，等他再次回去时，他感到非常的失望。房子还是像以前一样凌乱不堪，让人感觉不舒服：猪仍然待在床底下，而母鸡则卧在床上。水泥地板跟以前的土泥地一样肮脏。窗户上的窗格玻璃也被打碎了，花园里长满了杂草。这位房东在绝望中给他的一个朋友去了一封信，他的朋友回复道："你一开始就错了。你首先应该教导他们，让他们知道整洁、节俭以及舒适的价值。"因此，从一开始，我们就必须教导人们清洁的必要性、优点以及益处，为了达到这样的目的，他们就应当是聪明的，能够理解文字所要表达的意思，可以辨别是非、可以阅读以及写作。总而言之，这些人应当像小孩一样，必须首先去学校并且在那里接受适当的教育。我们允许大部分的工人阶层没有接受教育，近一半的人不会读写的同时，我们又怎么能要求他们像那些接受过教育的人一样具有美德、克制力、判断力以及远见呢?

最重要的一点就是要教育人们养成清洁的习惯。即使不教导他们读写也能做到这一点。清洁不仅仅能带来健康。它可以提供给人们一种自尊的氛围，影响整个家庭的精神状态。它是节俭精神的最佳代表。它对家庭财务就如同卫生对身体一样。它应当为家庭事务的每一个细节负责。它象征着舒适与幸福,它是文明的最突出的一个特征，是国家进步的标志。

帕里博士习惯提醒那些去国外旅行的人要特别注意当地人的清洁以及为防止污染所制定的法规措施状况。他认为通过观察他们是否具有体面、自尊、勤劳的习惯以及观察他们的整体的道德和社会状况可以对他们有一个更深入的了解，这要比看其他方面的描述的事实更有用。人们的清洁程度是跟他们的体面、勤劳以及自尊成正比的。不知清洁的人是不文明的。大城镇里那些肮脏的阶层总是“危险的阶层”。如果我们能使这些不文明的人走向文明，我们必须把污秽从他们身边驱离。

然而，肮脏并非我们的本性。他是依靠人体生存而又破坏人体的寄生虫。它是可怕的、令人厌恶的。有它存在的地方就不会有魅力。即使是最漂亮的女人，也会被它变得令人厌恶。它把孩子变得暴躁、没有耐心。男人被它变得堕落、粗心大意。有肮脏的地方就不会有谦虚，因为肮脏本身就是下流的。人如果不纯洁，那么他的心灵也是不纯洁的，因为身体是灵魂的圣堂，只有经过清洗和净化之后才配得上里面的神龛。肮脏与自我纵欲和酗酒有着亲密的关系。卫生调查员已经明确指出肮脏的阶层是酗酒的阶层，并且他们容易在啤酒、杜松子酒以及鸦片的麻木当中寻找由于他们居住的污秽的环境所导致的可怜的压抑中得到慰藉的避难所。

我们不需要再提及清洁的精神美和物质美了——洁净代表自尊，它是许多美德的源泉，尤其是纯洁、优雅和体面的源泉。我们甚至还可以更进一步说思想和感情的纯洁来源于身体习惯的纯净，因为人们的思想和心灵在很大程度上受外部条件和环境的影响，并且被视为是外部事物的习惯和风俗已经被深深打上了人类性格以及道德感情和智慧力量的印记。

摩西是最有实践精神的卫生改革家。在许多东方国家，清洁是宗教的一部分。那里的人不仅把清洁看成是神圣的东西尊敬，而且把它当作神圣的一部分。他们把内心圣洁的思想与外部的清洁联系在一起。他们认为带着不洁净的东西去膜拜造物主是对造物主的一种侮辱。因此，穆罕默德的信徒们对建造洗澡房的投入不少于对建造清真寺的投入。拜神的地方的旁边通常能找到洗漱的地方，这样信徒们在拜神之前可以清洁好身体了。

一位伟大的作家说："一次纯粹的洗浴当中的礼拜，也许是一个人人在通常的情况下有能力做到的最有道德的事情了。脱下衣服，走进浴室或者走进小溪的清水里，洗净自己的身体，然后走出来一个洁净的好人。完美的外部纯洁的意识——他们的皮肤上不再粘有任何不完美的斑点——它是如何地照射着你，给你的心灵带来巧妙的有象征意义的影响啊！你有了向所有的美好事物前进的倾向。一位古老的东方圣人，满怀喜悦与虔诚的感激，认为这是造物主的恩赐，是造物主的意志。"

男人、女人和孩子的共同幸福都取决于对那些一眼看上去都是小事的事情的关注。除非这些小事得到很好的处理，否则要得到身体、思维以及感觉上的舒适是绝对不可能的。例如，要满足一个小孩的身体成长，需要照顾他的吃、穿以及卫生。这些都是再普通不过的事情了，但却是最重要的事情。如果孩子没有得到适当的食物和衣物，他的身体就会虚弱并且脾气变坏。小孩是这样，大人也是如此。

如果不能给予这些普通的事情经常的关注的话，成人也是不会舒适的。每个人在家都需要、也应当享受舒适。舒适是清洁、节俭、规律以及勤劳共同的产物——简而言之就是不断地履行义务，履行琐碎义务。烧一个土豆、烤一片面包、修补一件衬衣、织一双袜子、做一张床、擦洗地板以及为婴儿洗澡和穿衣服，所有的这些都不是什么伟大的事情，但是一个妇女在掌管家事之前应当知道如何做这些事情，不管家有多穷，这些事请都得交到她手里。

“为什么，”阿士伯顿勋爵在给沃尔维斯培训学校的学生作讲演时问，“一个家庭的母亲比另一个家庭的母亲更为节省呢？为什么一个过着富足的生活，而另一个生活穷困呢？为什么住相似的房子，一对夫妇的孩子身体健康，而另一对夫妇的孩子体弱多病呢？为什么一个人能轻而易举地完成一项任务，而另一个人完成就非常困难呢？并不是幸运或者机会决定了这些差异，而是对天性的耐心观察给了一些有才华的人指导规则，而让那些疏忽大意的人错失了这些指导规则。”

然而对天性的耐心观察，如同在家里或者在学校里的训练一样，并不能使妇女对人类发展和舒适程度的提高比别人发挥更大的作用。要有效地做到这一点，要求妇女和男人一样要了解他们为之工作的目标的性质。

以一门学科——生理学为例。我们认为每个妇女都能从这门学科中得到一些指导。为什么呢？因为女人理解了生理学的规律，孩子们将会成长为更好、更健康、更快乐、更英明的男人和女人。孩子们要遵循一定的生理学规律，这种遵循对他们的健康和舒适是必要的。因此期望妇女们了解这些规律的一些知识以及作用方式难道不是合理的事情吗？如果妇女们不懂得这些规律，她们就会容易犯各种各样的错误，会导致痛苦、疾病和死亡。大多数城镇的小孩死亡率大得惊人，这些城镇里出生的人口中有一半人不到50岁就去世了，我们应该将这归罪于谁呢？如果妇女和男人了解一些健康生活的法则，知道空气的特征，知道空气的自由流动对健康是多么的必要，知道通风、清洁以及营养的相关规律——我们不得不想到人类赖以托付的精神条件要比物质条件得到更大的改善和提高。

如果能给予普通的事情一些适当的关注，年轻人当中就不会有这么多的不舒适、疾病以及死亡。但是我们习惯人们不按这些自然法则行事了。如果我们违背了这些法则，我们必然会承受相应的后果，因为我们无视它们的运作方式。数万人因为缺乏有关正确生活的知识（而这些知识又是正确生活最必需的条件）而丧失了性命。

女人也应当知道家庭节省的重要艺术。如果她们不能为家创造收入，至少她们要花别人挣来的钱，所以应该教导她们如何明智地花钱。为此了解相关的算术知识是绝对有必要的。一些人可能会说："算术对女人有什么用呢？"但是当男人结婚以后，他就会知道其中的奥妙了。如果一个操持家务的女人不懂得加减法，没有为她的收入和支出做一份记录的话，不久之后，她就会发现自己遇上了很大的麻烦。她会发现她的收支不平衡，然后就开始举债。如果她花太多的钱买衣服，那么她用在其他事务或者教育上的钱就会非常少了。她会在某些方面非常奢侈，给她的家庭带来极大的不幸。由于她所欠的债务，她可能把她的丈夫也卷入麻烦当中，走上痛苦甚至是毁灭的道路。

有关家务管理，有许多的溢美之词，特别是对提高厨艺的溢美之词更多。难吃的饭菜是许多家庭不幸的源泉。糟糕的厨艺是一种浪费——浪费金钱并且没有什么享受可言。上帝用婚姻将两个人连在一起，而不好的厨艺以及烤焦的土豆却经常将他们分开。教育者应当教导年轻的一代，不应当小看这些"普通的事情"。它是女性教育当中最普通也是最容易被忽略的知识。

人类劳动的很大一部分被用于人类食物原料的直接生产。农民阶层以及他们的雇工从事燕麦以及其他谷物的种植、栽培和收割，放牧的农民饲养牛羊，他们都是为了生产整个人类的生存所需要的食物。所有的这些东西——谷物、牛肉、羊肉等都要被交到顶半边天的女性手里。她们把这些东西变成食物，供她们自己、她们的丈夫以及家人享用。那么她们怎样发挥她们的作用呢？她们会烹饪吗？

她们被教导过做饭吗？在这个国家，烹饪是一种被遗忘的或者是尚未被发现的艺术这难道不是事实吗？

成千上万的工匠和工人的食物当中的一半的营养被剥夺了，并且持续处于半饥饿的状态，因为他们的妻子对于烹调的艺术一无所知。她们对于如何节省地准备食物以及如何让食物变得美味可口、容易消化完全一窍不通。

即使中层阶级，这方面的情况也是非常糟糕。一位公共事务作家说：倘若在恶魔的帮助下，我们看到中等阶层的人吃饭的情景，我们就会发现那些人是多么不舒服、浪费、脾气乖戾以及不知羞耻。男人跟女人吵架是因为他没有什么可以吃的，并且他通常以喝酒来弥补食物的不足。不会烹饪不仅仅造成了直接的食物浪费与身体损伤，而且更进一步地，会导致酒精的浪费，形成对习惯和健康的伤害。

另一方面，那些吃得好的人，喝酒适度，胃口的满足不需要寻求刺激了。伴随美餐的是良好的性格和身体的健康；无论多么简单，我们所说的美餐指的是按各自口味烹调的饭菜。一个富有的人可以生活很奢侈但是疾病缠身，而一个穷人如果他运气很好，有一个厨艺高超的妻子或者仆人的话，他的生活虽然俭朴但身体却会非常健康。

一个家庭里最糟糕的事情莫过于有一个不会操持家务的或者是懒惰的女人了。女性有时候对跟自己有关的事情非常敏锐。她们对衣帽商的要求非常苛刻。当裙角上的褶皱太窄或者缝褶太深的时候，她们能看清每一根线。但是如果她们仅仅关心自己的衣服的话，那么她们就不是伙伴而变成了阻碍了。如果她们对厨房一无所知，而听任厨师的摆布，她们的餐桌不久就会变得让人无法忍受——难喝的汤、软塌塌的鱼肉、外焦里生的肉。丈夫不久就会逃离这个幻想的酒宴，跑到俱乐部里躲起来。在那里他不仅可以找到他能下咽的食物，而且同时还能逃离通常伴随低劣食物的家庭混乱。

斯米先生说："英国得消化器官疾病的人要大大多于其他国家。"原因就是其他国家的人吃的东西都要比英国人好得多。最不善于观察的游客都会被外国饭店很快就能上一桌有八到十道菜的晚餐而深深打动，特别是当他想起英国街道上的那些烧焦的羊排和稀碎的土豆的时候。作者记得在快到峰日中峰天文台山脚下、多芬尼附近的一个路边小酒馆的故事。当看到布满灰尘的地板和破旧的陈设时，他对他的朋友说："肯定，我们在这里吃不上什么东西了。"朋友回答说："等着瞧吧。"半小时之后，桌子（尽管是支着的）上铺了一块干净的桌布，并且连续上了汤、鸡肉、烤牛肉、油炸土豆片、菜豆，还有有益健康的面包和黄油。在英格兰大多数城镇的酒店里，是不可能有这样的一顿饭的。

如果烹调能成为女性教育的一个普通学科，那么这将会给整个社会带来极大的好处。对穷人的好处将是无法计算的。"在慷慨地赐予这个国家的男人和女人的所有奖赏中，我们想要的是煮熟的最好的土豆、烤的最好的羊排、最好的时令性的杂烩或者肉汤（菜汤）。在写到好的煮熟的土豆的时候，我们当心这样会招致许多反对重视这么普通的东西的人的鄙视。但是事实上，他们的鄙视来源于他们的无知。一百个人当中没有一个人曾经见到过或者亲口尝过这个大珍品，煮的很好的土豆。"

简而言之，就像其他的大多数事情一样，我们缺少有关烹饪的一般常识。应该很好地利用食材，而不能滥用。现在许多食材都被浪费掉了——因为不懂得一点点的烹调艺术。食材不仅仅是由于烹调技术很差而被浪费，而且有许多被扔掉了。而用这些扔掉的材料，法国女人完全可以做出美味、易消化的食物来。健康、精神和家庭的愉悦都与烹饪技术紧密相关。首先，它总是伴随着节俭。它将上帝的恩赐最多、最好地利用起来。它不会浪费任何东西，而是将所有的东西都利用起来。每一位英国妇女，不论是出身名门还是个普通人，都应当掌握这门艺术，这样可以给她的家人带来如此多的舒适、健康以及财富。

“我认为，”玛格丽塔·格雷夫人说，“随着日益严重的财富分配不均，以及人口的压力情况的出现，一些假托的优雅或者高贵的举止和动作限制了上层社会妇女的精力、束缚了她们作用的发挥。一位女士行事必须符合她女士的身份而不能成为其他的人。从牛奶场、储藏室、蒸馏室、家禽场、菜园以及果园（她应当再加一个纺纱机）解脱出来的女士们发现，她们在商业与艺术方面，很难发现自己是有用的以及重要的，她们只能在大量的时间里闲着无事可做。

“另一方面，任何时候，社会上都有许多的可敬的受过教育的人因找不到合适的工作而过着窘迫的日子，而那些众多的没有受过教育的、被忽视的人，在没有帮助的情况下，谁能摆脱不幸与堕落呢？太过富有或者是太过于有教养对从事任何工作的有用性格以及杰出性格的培养是多么大的阻碍啊！”

许多明智高尚的女士已经厌倦了“社会”给她们限定的无所事事了，近年来开始从事拜访穷人以及护理的工作了——这是一项高尚的工作。但是还有另外的一所有用的学校也向她们敞开了大门。让她们学习普通烹饪的艺术并且在人们当中传播烹饪知识。她们这么做会带来巨大的好处，给许多处于半饥饿状态的丈夫带来福音。贫穷阶层的妇女们需要得到那些接受过良好教育的女士或者是那些比她们生活环境好的女士的许多帮助。她们当中的许多人结婚的时候还很年轻，突然就开始了她们还不曾作任何准备的生活。她们对于烹饪、缝纫、缝补衣服或者如何节省地花丈夫挣来的钱都一无所知。

因此就有了懒散、不整洁的习惯，有了不舒适的家，她们的丈夫也经常愿意在离家最近的酒馆里寻找避难所。下面的这个故事是一位伯明翰的工人约瑟夫·科贝特在议会委员会面前讲的，说出了制造业区域许多工人的真实情况。

“我的母亲，”他说，“很小的时候就在一家工厂上班了。她聪明、勤劳，并且有非常好的声誉。她被视为是工人的最佳配偶。她很早就结婚了，并且成了11个孩子的母亲——我是最大的一个。她尽全力履行一个妻子和母亲的重要责任。但是可惜的是她对家务知识所知甚少。在最为重要的方面——如何让家和壁炉对丈夫和孩子有吸引力——她从来没有接受过任何的教导。她总是生孩子，当她坐完月子，又回去工作了，孩子定时带过去吃奶。随着家庭成员的增加，像舒适这样的东西都不见了。她从来没有让家庭快乐和舒适的力量。她不知道珍惜家里的东西。在父亲的屋檐下，我从来没有感觉到片刻的欢乐。我确定地把这所有的一切都归咎于我母亲完全没有接受过相关的训练与指导。我的父亲开始变得不节制起来，而他的不节制又使母亲变得贫困起来。她做了许多努力想不到工厂上班，但是贫穷又迫使她回去工作。一个大家庭，每时每刻都需要有人照顾。我记得，在一天繁重的工作之后，她一连几夜都几乎整夜洗衣服、缝补衣服。我的父亲没有得到舒适。这些家务事，在一个管理良好的家庭里（甚至是一个工人的家庭里，只要家庭是节俭的并且管理良好的）是可以被做到而不会激怒自己的丈夫的，而对于我的父亲来说这些家务就是一种烦恼，并且在无知以及错误的念头指引之下，到酒馆里寻求舒服去了。我母亲对家务责任的无知、由此造成的我父亲的坏脾气以及无节制、可怕的贫穷、不断的争吵，给我们兄弟姐妹所树立的坏榜样，对我们弟兄几个未来的所作所为产生了很坏的影响——我们很小就被迫出去做工了，当时我们每周的收入只有一先令——寒冷和饥饿，童年时候所承受的许多的痛苦，常常萦绕于我的脑海并且使我无法忍受。这些记忆使我产生了很深的焦虑，希望能把这座城市里（伯明翰）以及邻近地区的成千上万个处于相同悲惨境地的家庭解救出来。我的亲身经历告诉我教导女性家庭事务的知识，教导她们在火炉边创造快乐和舒适的知识，可以阻止许多的不幸和犯罪。酗酒的丈夫和不听话的孩子也会减少。作为一名工人，我认为女性教育被可耻地忽视了。我认为这比任何其他的事情都重要，因为女人是易受影响的年轻人的第一位老师，她是孩子成长过程中模仿的对象。”

第八章

生活的艺术

相信没有人，无论何种年纪
会为他的血统而彬彬有礼。
尽管他出身并不高贵，
倘若做了一个绅士所做的事情，
他就是一个绅士。

——乔叟

每个人都是他自己的作品。（种瓜得瓜，种豆得豆。）

——塞万提斯

即使贫穷，也要有高贵的气质，它报答你的那一天终会到来的。

——乔治·赫伯特

尽管人们被指责不知道自己的缺点，然而，也许同样也没有多少人知道他们的力量。就好像泥土里有时埋着金子，而土地的主人却不知道。

——斯威夫特

不要让那些我不能拥有的东西

破坏我快乐的心情。

——西伯

生活的艺术应该是众多美好艺术中的一种，它可以像文学艺术那样被列入人文学科。生活的艺术是一种充分利用一切手段最好地诠释生活意义的艺术，是一种从生活中获取极高乐趣的艺术，是一种通过生活达到其最佳效果的艺术。

幸福的生活需要一定程度的艺术的运用。像诗歌和油画这样的艺术主要来源于自然界，但是所有人都能培养和开发这种艺术。家长和老师能够培养孩子这种艺术，并通过孩子的自学得到进一步提高。没有智慧也就没有艺术的存在。

幸福并不像美丽的大宝石那样稀有，以至于对幸福的追寻都是徒劳的，想要得到幸福是没有希望的；恰恰相反，幸福是由一系列较小较普通的宝石组成的，它们组合在一起形成了令人赏心悦目的精致的整体。幸福存在于普通生活中点点滴滴的满足感，而这种普通生活在我们追求某种巨大的喜悦时常常被我们所忽视。忠实地履行普通职责，体面地完成普通任务，你会得到快乐。

生活的艺术在实际生活中的例子举不胜举。比如，有收入相同的两个人，其中一个人懂得生活的艺术，而另一个人则不懂得。第一个人具有敏锐的洞察力和聪明的头脑，大自然对于他来说从来都是新鲜的，充满美丽的色彩。他能够生活在现实中，能够详细叙述过去、憧憬美好的未来。对于他来说，生活具有深深的意义，他的生活需要他尽心尽力去履行职责，这样才能使他的良心得到满足并让他获得快乐。他不断进步，从来不虚度光阴，鼓舞被压迫阶级的士气，在每一项有意义的工作中都表现得非常积极。他的双手从来不知道累，他的思维从来不知道疲倦。他快乐地生活，并帮助其他人得到生活的快乐。他的智慧不断增长，这使他每一天都对人和事物有崭新的洞察力。他的生活充满了荣誉和祝福，他最伟大的业绩就是他的善举，他的这些善举也为后人做出了榜样。

而另一个人相对于第一个人而言生活得并不快乐。在他还没有成年之前他就耗尽了生活的乐趣。金钱已经为他做了几乎所有的事情，然而，他仍然感觉到生活空虚无聊、没有什么快乐可言。对他来说，旅游没有什么益处，历史也没有什么意义。他只是对酒店老板以及服务员的不合理的要价感兴趣，并且对很长时间在名山大川、农民和羊群之间穿梭的旅游的不满能装满一马车。他厌恶参观画展，他去参观只是因为别人这么做了。他不久就会厌倦了这些“乐趣”。当他长大的时候，他已经追逐时髦的挥霍了，没有什么东西能让他珍视的，生活变成了一场化装舞会，他只看到了流氓、伪君子以及谄媚的人。尽管他不享受生命，但是他还是害怕生命离开他。当生命落幕的时候，尽管他有很多的财富但是他仍然是生活当中的一个失败者，因为他不懂得生活的艺术，没有它，就不会享受生活。

给予人们真正生活乐趣的并不是财富，而是对生活的反思、欣赏、品味与生活文化。最重要的是明亮的眼睛和敏感的心灵是必不可少的。利用它们，最卑微的人也会变得有福气。劳动与长时间的劳作是与最高尚的思想和最纯洁的品味相联系的。辛勤劳动者的命运可以改变，他们会变得有身份有地位。蒙田说：“不论是个人粗俗的一生还是辉煌灿烂的一生，所有的道德哲学都是适用的。每个人身上都体现着人类状况的全部形式。”

即使是物质享受方面，好的品味既是真正的经济人，又是快乐的促进剂。当你一跨过朋友家的门槛时，你就能察觉出房子主人的品味来。房子里所有的东西都整洁、有序、优雅、精致，给人一种愉悦的感觉，尽管你无法精确地描述或者解释出什么。窗台上摆着的一盆花，墙上挂着的一幅画，也体现着这家主人的品味。一只鸟在窗棂上唱歌，书整齐地放着，家具尽管很普通但是很整洁，与房子很相配，显得很雅致。

生活的艺术体现在家庭的所有方面。它选择有益的食品，并且做得很可口。没有任何浪费。饭菜也许很普通，但是却很有味道。每件东西都是如此的干净整洁，水在玻璃杯子里泛着光，以至于你都想要更丰盛的食物或者更令人激动的饮料了。

再看看另一间房子。你看到的是大量的浪费，既没有品位又没有秩序。这里的开支更大，但是你却不会有“家”的感觉。房间里似乎充满了让人不舒服的空气。书、帽子、围巾、没有补完的袜子扔得到处都是。两三把椅子上堆满了东西。屋子里一片混乱。不管花多少钱都无济于事。没有品位，家务的管理者还不懂得生活的艺术。

你能在乡村生活中看到同样的对比。穷人的命运会因品位而变得甜蜜。他的品位会让他选择在最健康最开放的街区居住，那里空气清新，街道整洁。在铺满沙了的门槛边，看一眼窗格玻璃没有一点斑点——透过玻璃也许还能看到盛开的玫瑰或者天竺葵——你就会知道住在里面的住户，不论怎样贫穷，都知道如何掌握自己命运的艺术。这与你在其他地方看到的那种污秽的小屋是多么的不同啊——脏兮兮的孩子在阴沟里玩耍，邋遢的女人斜倚在门框上，家里似乎弥漫着阴郁的贫穷的气息。然而，生活在干净小屋的人每周的收入并不比生活在脏乱小屋的人多，甚至还要比他们少。

同在一片田地或者一家工厂上班的两个人，为什么一个像一只云雀那样快乐，总是面带笑容，穿着考究、整洁，每个周六的早上穿着最好的衣服带着家人去教堂做礼拜；在他的口袋里永远不会不名一文，并且在银行里还有所储蓄；他阅读书籍、订阅报纸，还会给家人带回来一些文学杂志让他们阅读。而另一个人，每周的工资相同甚至更多，每天早上上班的时候都是阴沉着脸、一副苦相，他总是满腹牢骚；他的穿着邋遢、肮脏，每个周六从来没有在中午之前出过门，当他出来的时候，脸没有洗，头发没有梳，他的双眼模糊，布满血丝，他的孩子们被留在渠沟边玩耍，没有一个人会关心他做什么。他在周六晚上花光了自己的最后一分钱，然后有一大堆借款需要还；他没有参加任何俱乐部；没有攒下一点钱，而是挣多少花多少；他不读书看报，不思考，只是劳动、吃、喝及睡觉。为什么这两个人之间会有这么大的区别呢？

原因很简单：第一个人拥有从生活中提取快乐和幸福的智慧和艺术，他自己快乐，让自己周围的人也快乐。而另一个人没有这样的智慧，不懂得使自己以及家人快乐的艺术。对第一个人来说，生活就是一幕幕爱的，互相帮助、同情的场景；谨慎、远见以及深思熟虑的场景；是反思、行动以及责任的场景。而对另一个人来说，生活就是艰难地攫取吃的、喝的，他不考虑责任，没有反思，从来没有过片刻的时间为未来做出慎重的考虑。

但是来看看结果是什么样子的：前一个人为他的同事们所尊敬，为家人所热爱；他是他周围的所有人幸福与善行的典范。而后一个人就如同天性所允许的那样鲁莽与悲惨，好人躲避他，他的家人害怕听到他的脚步声，当他靠近时，他的妻子都可能会颤抖，他死后没有留下什么遗憾，除了他的家人要靠公众的救济或者监工的小小的救济度日之外。

因此，每个人都应该学习生活快乐的重要艺术。即使是最贫穷的人也可以通过学习它而从生活当中汲取更多的快乐和幸福。这个世界不需要成为一个“眼泪之谷”，除非我们自己想让它这样。在很大程度上，我们自己掌握自己的命运。无论如何，我们的头脑是我们自己的，我们可以拥有快乐的想法，我们可以在很大程度上调整和控制我们的情绪和性情，我们可以教育我们自己，并且挖掘出我们本性当中更好的部分，而这一部分本性在大多数人身上都被埋藏得很深。我们可以阅读好的书籍，珍视纯洁的思想，过平和、节制以及高尚的生活，这样才能确保得到人们的尊敬，并且将一名可靠榜样的幸福传承给下一代。

生活的艺术在家里会得到最好的体现。快乐家庭的第一个条件就是舒适，在这样的家庭里，好的影响会战胜坏的影响。在这样的家庭里，恼人的关心、抱怨、不整洁、不修边幅以及肮脏，无论对于男人还是女人来说都不是什么不舒服的事情了。丈夫工作了一天之后希望会有一些东西能给他的辛劳做出补偿。他的妻子能为他做的最起码的事情就是当他晚上回家的时候，可以给他一个温暖、干净、整洁的家。这是最真正的节约、最好的家务管理方法、最有价值的家庭管理，是它让这个家如此的快乐和惬意，当男人一回到家，就会感觉到好像进了一个庇护所，并且再也没有哪个酒馆能让他离开这个庇护所了。

一些人可能会说我们对舒适太过崇拜了。这个词本质上是个英国词汇，据说不可能把它的全部意思用其他的语言翻译出来。它跟火炉旁边有密切的联系。在气候温暖的国家，他们喜欢户外生活。他们在街上晒太阳。他们一半的生活是在公共场合度过的。温暖的阳光吸引着他们，让他们待在户外。他们进屋只是为了吃饭以及睡觉。他们几乎不能说是住在家里的。

这跟我们的状况是多么大的不同啊！一年当中的那么多的月份里，寒冷的空气让我们待在家里。因此产生了各种各样的家庭乐趣。因此在提到“家”这个词时，我们的脑海里就会浮现许多愉快的交往。因此，我们的家庭之神就成了“舒适”。

我们不仅仅满足于有一个家，这个家还必须是舒适的。最悲惨的人，实际上是那些没有家的人——无家可归的人。但是再次一点悲惨的人就是那些有家但家不舒适的人——查尔斯·兰姆曾经说过：“非常不幸的家就不能称之为家了。”因此，舒适是家庭的灵魂——是家的本质原则，是家的至关重要的因素。

舒适不仅仅意味着温暖、有好的陈设、好吃好喝。它的意义要高于这些。它意味着洁净、纯净的空气，有秩序、节俭，用一句话就是家庭节俭和家务管理。舒适是人类成长的土壤，不仅仅是身体上的，还是精神上的。实际上，舒适是许多美德的源泉。

财富并不是舒适所必需的东西。奢侈需要财富，但是舒适并不需要。一个穷人的家庭，只要生活必需品能得到适度的供应，在一个清洁、节俭的妻子的打理下，也可以包含舒适生活的所有因素。家庭不舒适的主要原因不在于没有足够的财富，而是在于不懂得家庭管理的必要知识。

必须承认，舒适在很大程度上只是相对而言的。对一个人来说是舒适的东西可能对另一个人来说就是他的不幸了。即使是现在最普通的机械工都认为几个世纪之前贵族的生活方式——睡在草床上，住在到处都是灯芯草的屋子里——是悲惨的。征服者威廉既没有衬衫可穿，窗户上也没有玻璃可以安。伊丽莎白女王是穿袜子的第一批人。在她之前的所有的女王都不穿袜子。

舒适既取决于“事”也取决于人。管家的人的性格和脾气对舒适感觉的影响要比漂亮的家具、温暖的屋子以及家用的奢侈品及方便用具对舒适感觉的影响大得多。

舒适的人脾气好，而好脾气被视为舒适的一个永恒的条件。家人必须心平气和，必须互相谦让、互相帮助，并且有最大限度地利用每件事物的性情特点。“用草但却饱含爱意做出的饭要比用圈里的牛、满怀恨意做出来的饭好得多。”

舒适的人有常识，有判断力，有远见，能节俭。他们本性就倾向于诚实与公正、善良和真理。他们不会欠债，因为那是不诚实的表现。他们量入为出，并且为将来的日子早做打算。他们供养自己的家人，但是在适当的情况下，他们很好客，也不缺乏仁慈之心。并且他们在做这些事情的时候并不会炫耀。

舒适的人做任何事情都有条理。他们是有计划、稳重、理智、勤劳的。他们穿得舒适。他们随季节变化而更换衣服——既不会在冬天被冻得发抖，也不会在夏天大汗淋漓。他们不会为了追求“时髦的外表”而折腾自己。他们宁愿把更多的钱花在买暖和的袜子上也不会花在买金首饰上。他们喜欢健康的好被褥，而不喜欢华丽的窗帘。他们的椅子是结实的，而不是华而不实的。尽管这些椅子没有什么华丽的装饰，但是可以承受人们坐在上面。

家务的管理大部分要靠女人。她必须是一个家庭、家务的管理者。因此，家庭的管理得多么依靠她的聪慧的合作啊！男人的生活是围绕着女人转的，她就是他社会体系中的太阳。她是家庭生活中的女王。每个家庭的舒适都主要取决于她——取决于她的性格、她的脾气、她的组织能力以及她的业务管理能力。一个男人是可以节俭的，但是除非整个家庭变得节俭，否则，他自己的节俭相对来说是没有什么意义的。有一句谚语是这么说的：“一个男人不能兴旺发达起来，除非他的妻子让他这样。”

家庭节俭是普通的，但却是有益的。尽管不能为全世界所看见，但是却给很多人带来了快乐。它作用于个人，通过提升他们来提升社会本身。事实上,它是为尽可能多的人提供快乐的有绝对效力的药方。没有它，立法、捐赠以及慈善事业都仅仅是权宜之计，有时候甚至会产生副作用，因为他们所支持的希望大部分都是令人失望的。

当一个男人知道他那明智的、善于管理的妻子正在谨慎地打理他的财务并明智地运用这些财务时，他在做工作或者干事业的过程中是多么的快乐，并且他从事业中得到的回报的快乐是多么多啊！这样的女人不仅仅对她的家庭会产生作用，而且她会对邻居们起到带动作用。她为他们树立了一个榜样、一个典范。她的孩子们也会形成同她一样的习惯，她的实际生活已经在无意识当中成为这些孩子塑造自己的榜样，因为榜样总是胜于语言，它是行动的指导——工作中的智慧。

女人最重要的能力就是对手的灵活运用。每个人都知道整洁、善管理、手巧的女人对一个家庭的舒适是多么的有用，多么的不可或缺。佩斯特拉奇，用他一贯的明智，曾经说过一个女人的一半的教育都是来自她的手指。她的指尖上有智慧与美德。但是智慧要与节俭相伴，它们必须齐头并进。一个女人必须不仅仅能灵活地运用她的手指，还必须拥有管理家务的组织能力。

必须讲究方法。已故的亚瑟·赫尔普斯先生说："现代接受教育的妇女大部分完全不懂得管理的方法。但是这可以通过培训加以补救。举一个非常简单的例子：为什么男厨师总比女厨师干得好？仅仅是由于男厨师在安排食物时比较讲究方法，并且更相信自己的标准。一位杰出的医生告诉我他认为女人完全缺乏时间观念。但是我所说的仅是她们对精准概念缺乏理解的一个例子，这些都有补救的方法——就是说，如果及早开始的话，都是容易补救的。"

相应的，要有效地管理一个家庭，必须讲究方法。没有方法，工作就不能令人满意地完成，不论是在办公室、车间或是家里，都是这样。合理地安排工作，在正确的时间做每件事情，着眼于节省劳动，那么就能完成大量的工作。在方法面前，糊涂不见了，混乱消失了。在支出上也有一种方法——如何安排花钱——对家庭主妇来说就跟完成她的工作的方法一样有用。钱就像水银一样在一些人的手上消失了。我们见过许多的男人都是挥金如土的人。但是许多女人也是这样：至少她们不知道如何最好地花她们的丈夫挣的钱。你会看到许多不合常理的事情——女人穿满是褶皱的衣服和没有缝补好的袜子，戴着精致的帽子和穿着带补丁的鞋，穿着丝质的长裙和脏兮兮的衬裙；而丈夫衣衫褴褛，到处走动，他身上没有一处干净的地方。

当然勤劳是必不可少的。它是事业的灵魂。但是如果不讲究方法，勤劳就不会产生很大的效果。勤劳有时候看起来像混乱，但是讲究方法的、勤劳的女人可以以一种平静的、稳重的方式做完她的工作——没有忙乱，没有吵闹，没有喧嚣。

谨慎是家庭管理的另一个重要的条件。谨慎源自于培养的判断力：它意味着实践的智慧。它与适当、得体密切关系。它评判什么事情是正确的，应该做，以及做这件事情的正确的方法。它考虑做事的工具、顺序、时间以及方法。谨慎从经验当中汲取素养，而通过知识得以加强。

守时是另一个重要的家庭品质。如果能对这个问题稍加注意的话，家庭生活中有多少抱怨会得以避免啊！早饭和晚饭吃得过晚——"太晚"以至于赶不上去教堂和去市场。不合时宜地"清洁"，拖到午夜的"洗涮"，一再拖的账单，约定和承诺总是不能被履行——当想到这些不守时的家庭妇女时，我们的脑海里就会浮现出她们许多令人讨厌的行为来。不守时的女人就像不守时的男人一样，变得不讨人喜欢，因为她们在消耗我们的时间，妨碍了我们的计划，带来了许多不舒服的感觉，并且她们的不守时实际上是在告诉我们，我们还不够重要，还不足以让她们更守时。对于从商的男人来讲，时间就是金钱；而对于从商的女人来讲，时间意味着更多——它意味着平和、舒适以及家庭的繁荣。

坚定是另一个好的家庭习惯。制订一个好的计划并且实施它。没有充分的理由不要放弃它。勤奋地、忠实地执行计划，它会在适当的季节结出果实。如果这个计划是慎重的，是基于实践的智慧上的，所有的事情都会在它的吸引之下向它倾斜，家庭体系内的所有的部分就会逐渐建立起相互依赖的关系。

我们可以举许多的实际例子来证明这一说法的真实性，但是我们的篇幅有限，并且我们必须让读者从他（她）的亲身经验当中体会它的真实性。

还有许多其他的例子可以说明生活快乐的艺术。控制情绪就是一种能带来许多有益的结果的艺术。善良、宽容，我们就能随意地快乐，并且同时向我们的四周撒播快乐。我们可以激发我们或者他人身上快乐的思想。在习惯方面我们应当保持节制。妻子和她的孩子会怎么想她那不节制的丈夫和父亲呢？在语言方面我们也要保持克制，避免使用诅咒或者骂人的话——这些语言是最没有用处、最没有意义的语言，并且充满了粗俗。没有什么比用这些语言更愚蠢和更没有意义了——更不用说令人震惊、让人生厌以及有罪了。而骂人的话在那些粗俗人的嘴里是如此被频繁地使用。它们是没有目的的亵渎、没有挑衅的不敬以及没有理由的辱骂。

这时我们顺便提一下，在我们国家，关于礼貌的艺术方面我们并没有被给予足够的指导。我们相当粗暴，有时难以接近。礼貌不能造就人，就像是一则谚语所说的那样，但礼貌可以使人更加愉快。

一个人可能在心里道德高尚，做事实在，行为正直，但是却没有礼貌。温和的心情和绅士的风度是造就一个真正绅士的最后一道程序。

有礼貌并非指的是礼仪。礼仪只是被称为“上流社会”的人所采用的一套惯常的规则而已，并且许多的礼仪规则在本质上是粗鲁的。礼仪不允许上流社会的人士在街上与一个衣衫褴褛的人相认，即使那个人是他的亲兄弟。礼仪体现在一个撒谎者说“不在家”的时候——他会命他的仆人用这样的话打发走不方便的时候来访的客人。

礼貌包括许多的要件，但是主要包括客气、谦恭以及和善。不能用规则教会人们礼貌，但是可以用例子的方式做到这一点。我们已经说过礼貌就是通过外部的标志展现我们发自内心地对他人尊敬的艺术。但是即使对一个人没有任何的尊敬，也可以做到有礼貌。有礼貌就相当于漂亮的行为。有句话说得好，叫作：“漂亮的身材比漂亮的脸蛋好，漂亮的行为比漂亮的身材好。较之雕像或者图画而言，漂亮的行为可以给人更多快乐，它是最高雅的艺术。”

态度是行为的装饰。实际上，一个好的行为如果缺少了好的态度的话，这个行为的价值将会减半。一个穷人陷入了困境，向他的一位朋友请求帮助。他得到了帮助，但是他的朋友是这么说的：“在那里，拿着吧，但是我并不喜欢借给别人钱。”这样的帮助就像是给予帮助时再踢人一脚，肯定不能为人们高兴地接受。这种给予帮助的态度让接受者的心里痛苦了很久。有礼貌意味着和善的态度，在人们之间所有的快乐交往当中，善意是最主要的因素。

有一个故事是这么讲的。一个贫穷的士兵一天进了一家理发馆，理发师正在忙着给他的顾客理发。士兵请他帮忙，说他已经待的超过了他的请假时间，除非他能搭个马车，否则他会受到非常严厉的惩罚。理发师恭敬地听他讲完了自己的故事，并且给了他一几尼。士兵惊呼道：“愿上帝保佑您，先生。”他惊讶地看着理发师给他的钱说："我要怎样才能报答您呢？在这个世界上除了这个之外，我什么都没有了。"说着他从他的口袋里掏出了一张脏兮兮的纸："这是制造黑色鞋油的配方，这是我见到的最好的配方了。我把它卖给军官们挣了不少钱，我已经卖出去好多瓶了。你能从它身上得到一些好处，就当是我这个穷士兵对您的好心的回报了。"令人惊讶的是，对这个理发师来说，这张脏兮兮的纸给他带来了50万英镑的价值。不少于著名的戴和马丁的黑皮鞋油所赚的钱。这位理发师就是已故的富豪戴先生，他的制造厂是伦敦最有名的一家工厂。

好的礼貌被视为高贵出身的独特标志并且有礼貌的个人被视为出身于一定的上流社会。但是最贫穷的阶层跟最富有的阶层一样，互相之间也可以展现出很好的礼貌。一个人对待他人可以有礼貌、很和善，不带一丝的金钱眼光。礼貌的范围很广，然而它并不花什么成本。它是价格最便宜的商品。但是我们想被教导其他事情的同时也被教导有礼貌。一些快乐的天性是"生来就有的"。但是对于很多人来说，礼貌是需要教导的，并且在人们年纪小的时候就开始教导才会富有成效。

我们已经说过工人可能学习礼貌会有优势。为什么他们不能尊重自己并且互相尊重呢？这要通过他们彼此之间的行为——换句话说是通过他们的举止——他们的举止可以体现出自尊和互相尊重来。我们为大陆国家那些最贫穷阶层人们的习惯性的礼貌所感动。在路过的时候，工人们摘下帽子并且尊敬地向他的工友们致意。这样做并没有牺牲什么男子气概，而是体现了优雅与尊严。这些工人在尊重工友的同时，也尊重了自己和自己的次序。在与工友相认的行动中以及相认的态度上都体现出了和善。

在这个问题上，我们可以从法国人身上学到很多东西。他们不仅仅相互之间很有礼貌，而且他们对财产也表示出极大的尊重。在近来巴黎的许多建筑被摧毁之后，一些人可能会对此表示怀疑。但是巴黎公社的成员在总体上可以被视为例外的人群。要了解法国人的性格，我们必须看一看分布在整个法国的人们的情况。我们会发现法国人对财产的尊重程度要远远高于我们。即使是乞丐，也会尊重路边树上结的果实，尽管并没有人看护这些果实。这种状况的原因在于法国是一个小业主的国家，财产更为分散和暴露，即使社会地位最低的阶层的父母也会教导他们的孩子对他人的财产要小心谨慎并且要忠实对待。

对财产的尊重也伴随着对他人感受的尊重，这就形成了我们所称的“有礼貌”。这是在法国所有阶层的孩子们身上都被反复灌输的思想。这些孩子很少有粗鲁的。他们对陌生人很有礼貌，彼此之间也很文明。莱恩先生在他的《旅行人手记》中这样写道：“当我们所做的这种尊重别人的感受的参考能被广泛传播并且进入每个家庭，那么这种参考就是一种非常有价值的道德习惯，它是对父母和家人的一种道德教育，通过外部举止这个媒介……法国国民性格以及社会经济的一个杰出特征就是，在法国国民中，通过行为举止进行的实际的道德教育要比欧洲其他国家更为广泛。”

在工人们相互之间的整个社会交往过程中，我们可以感受到同样的和善。在他们的生活当中每时每刻都展现了他们的礼貌——在工厂里，在街道上，在家里。如果希望以和善的外表和方式来使别人高兴，那么在每一个行动中都要有礼貌的习惯很快就会形成。一个人对待他人和善不仅仅可以给别人带来快乐，而且他自己也可以获得更多的快乐。那些起身为女士或者为老人让座的人——尽管是非常小的事情——赢得他内心的尊重，并且在他做这样的事情的那一刻，快乐的感觉会在他的心里涌动起来。

工人之间交往时需要更多的礼貌，因为他们经常必须在一起生活。他们与工友们保持经常的联系，而富有的阶层不需要跟人们混合起来，除非他们选择这样做，并且他们可以选择他们喜欢的人。工人们的快乐比富人们更多地取决于与他有直接接触的人们的和善的面孔、言语以及行为。在工厂是如此，在家也是一样。工人不能离开家人去学习，而是必须坐在家人中间，坐在妻子旁边，孩子们围着他。他必须与他们和睦地生活在一起——对他的家人履行和善的义务。否则他必定会看到由于遭受不和善所带来的无法忍受的不幸。

应当承认培养工人有礼貌会遇到许多困难，他们的环境经常是非常有限的，他们的地位是不利的——然而如果他愿意的话，他在如此贫穷的情况下也可以做到文明与和善。而文明与和善正是礼貌的本质。即使他处在最不利的环境当中，他也可以尽自己的全力做到这一点。假如他做到了——他对待所有人的言和行都是有礼貌的、和善的，那么结果将是多么的令人满意、内心多么的快乐，同时，他还激励了那些跟他一样的人坚持下去。他会在家里传播快乐，与工人们交朋友，并且得到每一个思维正常的雇主的更多的友善对待和尊敬。这个文明的工人在他的阶层当中的影响力会越来越大，并且以他一贯的稳重、文明以及友善逐渐吸引他们来模仿他。本杰明·富兰克林就是这样的，他做工人的时候，改变了整个工厂的习惯。

除了践行礼貌能给人们带来快乐之外，许多的娱乐活动也能给人们带来有益的、纯粹的快乐。一个人不能总是在工作、吃饭和睡觉。必须得有放松的时间、精神娱乐的时间以及做健身运动的时间。

“娱乐”这个词有很深的含义。它比大多数人所认为的含义要丰富得多。事实上，娱乐是教育的重要组成部分。认为小孩或者成人在户外做运动是在浪费时间是错误的观念。任何形式的娱乐都不是在浪费时间，而是在节省生命。

如果想要拥有健康的身体，那就不断地放松和锻炼。如果你不放松身心，也不锻炼身体，那么结果就是你的身体会罹患疾病，需要久坐的职业更是如此。德比勋爵说：“那些认为自己没有时间锻炼身体的学生，迟早会得病的。”

世界上有一些人，如果他们有能力的话，会在天空悬挂黑纱；给地球漂亮的、孕育生命的胸膛上扔一块裹尸布；将明亮的星星从天空摘走；用乌云遮住太阳；将银色的月亮从夜空中摘下；关闭我们的花园和土地，以及装饰它们的所有花朵；整个世界陷入阴郁、消沉的气氛当中。这些人既没有理智也没有道德，更不用说宗教信仰了。

仁慈的造物主已经赐予了人类享受的巨大力量——让他置身于一个公平的、可爱的世界，他的周围围绕着美好的、漂亮的事物，还给予他爱别人、同情别人、帮助别人以及创造、享受的性格。这样，他就变成了一个可敬的、快乐的生物，使上帝的事业达到完美，并且在他的生活当中享受着神的创造。

使一个人快乐，那么他的行为也会快乐。如果他处于阴郁悲惨的环境中，那么他就会阴郁、不满、愁眉苦脸甚至会心生恶念。因此，粗俗与罪恶总是存在于那些从来没有习惯于快乐的人当中。他们的心灵已经把与自然交流的愉悦或者与人有启发性的、愉快的交往的影响关在了外面。

对于放松与娱乐，人类有着很强烈的本能的欲望。并且如同所有的其他欲望一样，它是以明智的目的而植根于人们的内心的。它不能被压抑，而是会以这样或者那样的形式爆发出来。为了促进单纯的娱乐而做出的努力要比为了金钱目的而做出的努力有意义得多。如果我们不能提供享受有益的乐趣的机会，人们自己肯定会找一些邪恶的乐趣。悉尼·史密斯说道：“为了有效地打击邪恶，我们必须找到一些更好的东西来代替它。”

节欲改革者们并没有充分考虑到在英国有这么多的人有酗酒习惯并不是品位低俗的结果，而是这个国家提供纯粹的和促进品位的娱乐的机会太有限的结果。工人们的品味仍然没有得到提高。当前的需要占据了他的整个心灵。满足胃口是他的最大乐趣；当他放松的时候，把自己无节制地沉浸在啤酒和威士忌上。德国人曾经一度是最能喝酒的，他们现在成了最节欲的人。“像德国粗俗的人一样的醉酒”成了一句通俗的谚语。他们是怎么戒酒的呢？主要是通过教育和音乐。

音乐能产生最富人情味的效果。对艺术的培养会对公众道德产生有利的影响。它为每个家庭提供了一种快乐的源泉。它给家庭一个新的有吸引力的事物。它使得社会交往更令人愉悦。马修神父在节欲运动之后开始了歌唱运动。他促进了全爱尔兰的音乐俱乐部的建设，因为他认为他已经让人们远离了威士忌，他必须给人们提供一些有益的激励来代替威士忌。他给了人们音乐。唱诗班成立了，使爱尔兰人们的品味提高了，举止优雅了，更富有人情味了。但是现在恐怕马修神父所树立的榜样已经为人们遗忘了。

扎宁说：“造物主给了我们多么充实的享受啊，在我们的周围到处是甜美的声音。但是我们几乎丧失了这个美好的东西，因为我们缺少享受这一美好事物的文化。”

在人们当中普遍培养音乐情趣会对我们人类产生多么大的促进啊！孩子们应该在学校就学习音乐，就像德国现在做的那样。在每个家庭里都应当能听到音乐声。我们古老的英国歌曲不能够再被遗忘了。男人和女人们在工作间隙可以歌唱，就像德国人上战场之前和下战场之后做的那样。工作不会被耽误，因为工人们是在音乐声中以及愉快的氛围中做工作的。整个社会的气氛将会变得更为和谐，工人的劳动也将充满快乐。

为什么在一些最卑微的家庭里不能有一些优雅呢？当然，我们必须保持洁净，这是穷人特殊的优雅。但是为什么优雅不能被当作令人愉快的事情呢？没有理由可以解释为什么卑微的阶层不能被美丽和舒适所包围，并且通过这样的方式向上帝的恩赐和人们的劳动来表示尊敬。对美丽的品味是最好的、最有用的才能。它是文明的一个侍从。美丽和优雅并不必然属于富人阶层的家庭。他们属于或者应当属于所有人的家庭。美存在于任何事物当中——存在于自然、艺术、科学、文学以及社会与家庭生活当中。

鲜花是多么的美丽，而又是多么的便宜啊！并非什么奇花，我们所指的是那些普通的花。比如，玫瑰，是大自然笑脸当中最美丽的一个。诗人将它称为“笑意盈盈的花”。但是盛开的花朵中并不只蕴藏着快乐，它可以使一个明智的人从中看到美丽、爱意和和谐。

我们应该怎样评价“创造”鲜花的人呢，假设，在他之前，鲜花还不为人所知。他不能被视为是新的快乐天堂的开门人吗？我们不能将这个“发明人”誉为天才或者是神仙吗？这些可爱的地球后代们从人类开始存在一直到现在都在告诉他们创造的精髓与智慧。他给世界带来的不仅仅是实用的东西，而且还带来了鲜花，绚丽的鲜花，给这个世界披上了美丽、快乐的外衣。

将最普通的田地里的花带回家，放在桌子上或者壁炉架上，你就好像是将一缕阳光洒在了这里。鲜花饱含着快乐。体弱无力的病人看到它们是多么的高兴啊！它们就像是从乡下来的信使，带来了甜美的愉快，好像在说:“来看看我们生长的地方，看到我们你的心就会快乐起来。”

有什么比鲜花更纯洁呢？它们就像是没有被罪恶玷污的孩子。它们是纯洁和真实的化身，是天真无邪的快乐的源泉。不爱花的人或者不喜欢听到小孩玩乐的声音的人是不会让人感到亲切的。用巧妙的比喻创造出了花的语言，恋人们就可以用这样的语言来表达他们羞于启齿的感情了。但是鲜花对所有的人都是有意义的，不管是年轻的还是年老的,不管是穷人还是富人。“对我来说,”沃兹沃斯说,“即使是最普通的花朵绽放，也能带给我深深地沉思。”

无论如何，在家里放些花吧。如果你的野心不是很大，你只要花一便士就可以了。这些花给你的满足感会超过你买它们的支出。如果你在窗台上放一盆花，就会更好。有什么会比阳光从花中间穿过照射进房间——从深红色的倒挂金钟或者鲜红色的天竺葵中穿进来更让人赏心悦目的呢？透过花看外面的情景，不是很有诗意吗？并且花的绿叶还可以阻挡一些强光的照射。如果你在窗户附近种植了一些旱金莲以及黄豌豆，那么你就会拥有你自己创造的最美丽的画框，从这个画框里，你可以看到忙碌的人群、远处的景色、光影摇曳的树木或者变化莫测的浮云。任何一个人都可以从这些花中探寻一首古老的歌谣的价值。这难道没有表明养花者的纯洁的品味和优雅吗?

窗台上的一盆花可以使家里的气氛变得甜蜜，使房间看起来更为雅致，让照射进屋的阳光更富有魅力，使人们的眼前一亮，并且将自然与美融合在一起。鲜花是一个从来都不会对任何人说脏话的伴侣，并且看起来总是美丽的，带着笑意的。不要因为它便宜就看轻它，因为每一个人都有自己珍视的乐趣。普通的东西虽然便宜，但是普通的东西往往是最有价值的。如果我们花钱买新鲜的空气或者阳光，那么它们将会被视为怎样的奢侈品啊！但是它们对所有的人都是免费的，我们却想不到这是多么大的恩赐。

实际上，在自然界有许多东西，我们从它们身上并没有享受到全部的乐趣，因为我们关闭了感觉这些乐趣的通道。我们满足于事实的本身，却很少能去探求事物背后所隐藏的比事实更为重要的精神。如果我们打开了通向享受的心门，就会发现在我们的周围充满了宁静的快乐。我们可能与天使生活在一起，他们顺着每一道阳光拜访我们，我们也许会与花仙子们坐在一起。我们需要更多的能使我们享受生活的爱的知识，我们需要培养运用身边所有的最普通的工具来享受生活乐趣的艺术。

一个温暖洁净的家，无论是多么的小，都是有益于身心健康的。阳光透过窗户快乐地照射进来，房间里还有一些好的书籍（在什么都降价的日子里，谁会不需要一些书呢？）——门口没有讨债的人，壁橱干净整洁，房间里还有一盆花。再贫穷的人也会拥有上面的这些制造乐趣的因素的。

但是，除了对自然美的欣赏外，为什么不能有艺术美的品味呢？为什么不能在房间里挂一幅画呢？现在已经发明了许多几乎能无限地创作艺术作品的独特方法——有一些是近来才发明的，包括木刻、石版画、拍照和影印，这些方法使得每个人都可以在自己的家里挂上美丽的图画。技术和科学通过这些方法已经将艺术带到了最贫穷人的家里。

任何图画、照片或者版画都代表了一种高贵的思想，或者描绘了一位英雄的事迹，或者把原野的自然风光或者街道上的景色带到了你的家里。它是一位老师，是一种教育方式，是对自我修养的帮助。它使家变得更愉悦，更有魅力。它使家庭生活变得甜蜜，给家周围平添了一份雅致和美丽。它使凝视它的人从只考虑自己的心态中解脱出来，增加了他与外部世界的令人快乐的联系，以及他与自己的内心世界的联系。

例如，伟人的画像可以帮助我们了解他们的人生。买谁的画像依个人的兴趣而定。看着他的画像，我们会感觉到好像我们对他更了解了，我们与他的关系更紧密了。这样的一幅画像，每天挂在我们面前，让我们在吃饭的时候、休息的时候，都能看到它，这样无意当中就会给我们带来鼓舞。它是以某种方式将我们与更高贵的性格联系起来的一条纽带。

据说有一个信仰天主教的放款人当想要行骗时，就习惯把他喜欢的圣人的画像用布遮盖起来。伟人以及品德高尚的人多少是我们尚达不到的标准。尽管我们达不到英雄的标准，但是我们可以把他们的肖像挂在墙上，一定程度上受到他们的影响。

不必因为画美丽或者是好画就支付很多的钱。我们见到过那些花好几百几尼买来的东西还不及花两便士买来的拉菲勒的圣母马利亚木刻画像的1%的美丽呢。这个头像让我想起了黑兹利特在观看一幅画时做的评论：好像有这幅画在场的时候，就不可能出现无礼的行为。它体现了母爱、女性美以及真挚的孝心。正如一些人对这幅画的评价一样，“它使得房间变成了天堂”。

爱画的人愿意花更多的钱购买画是因为画的年代久远以及比较稀有，而不是看中了画中人的功勋。最贫穷的人看到的美，富有的人可能会看不到。贫穷的人在最便宜的雕刻画里面也能发现美，而那些百万富翁看到花上千几尼买来的画时也可能不会有什么美的感觉——他只有一个念头，那就是他花重金得到了一件别人财力无法买到的作品。

当你看到一幅画的时候，你能从中得到快乐吗？这是测试这幅画价值的一个好方法。也许你已经对它感到厌烦了，你的品味已经提高了，要求更好的东西，就像开始喜欢蒙哥马利的诗的人转而喜欢米尔顿的诗一样。你会把那幅旧画摘下来，然后在那个位置上挂上一幅境界更高的画。也许在你屋子里的墙上就会展现出稳定的艺术进步。如果画可以镶在框子里就更好了，但是如果不能的话，也无所谓，只要挂在墙上就可以了。我们知道欧文·琼斯说过：把版画挂在墙上不是好的品味。他认为墙上只能铺墙纸。但是欧文·琼斯不可能不犯错误，我们认为这里他说错了。对于我们来说，不管房间里有多少的桌子、椅子以及软榻，不管这些东西如何昂贵，如果墙上没有挂上一些画，那么我们总是认为这样的房子是不完整的。

毋庸置疑，当艺术家们知道他们的作品正在通过版画或者刻画的形式分散到人们的家里装饰、美化他们的家园时会大受鼓舞。木刻师、版画师以及雕刻师是伟大的艺术家的大众传播者。这样特纳的画就不会仅仅限于富人手里的真迹了，而是可以通过米勒、布兰达德、威尔莫特这些雕刻家的双手分散到千家万户。兰德西尔就是通过这样的方式，运用木刻以及金属版印刷而进入每户家庭的。克鲁辛格也是通过这样的方式进行节欲的布道，阿里·谢弗进行了纯洁和孝行的布道。这些雕刻师是把英国宫殿里的艺术带到最卑微的家庭的媒介。

生活的艺术可以通过很多的方式展现出来。用一句话来总结就是“充分利用每一个事物”。要关注每件事情——即使是普通的、微小的事情也要考虑在内。它会让家庭变得更加明朗、雅致，并且给自然的东西新的魅力。通过它我们可以享受到富人的花园和树林，就像它们是我们自己的一样。我们呼吸同样的空气，沐浴在同一片阳光之下。我们为草地、浮云以及鲜花而欣喜。我们热爱我们共同的大地，热爱聆听大自然所有的快乐的声音。它会延伸到每一种社会交往中，产生快乐的善意和诚挚的爱意。在它的帮助之下，我们使别人快乐，使自己得到保佑。我们改善我们的生活，使我们的命运变得高贵。我们已经上升到了地球上的爬行动物之上，渴望无限的未来。这样我们把时间与永恒联系起来，到那时，真正的生活艺术会达到它的完美境界。

[illegible]

[illegible]

[illegible]

图书在版编目（CIP）数据

财富人生．2／（英）斯迈尔斯著；吴春雷译．
北京：北京理工大学出版社，2010.7（2022.7 重印）
ISBN 978-7-5640-2978-4

Ⅰ．①财…　Ⅱ．①斯…②吴…Ⅲ．①人生哲学－通俗读物
Ⅳ．① B821-49

中国版本图书馆 CIP 数据核字（2010）第 009485 号

出版发行／北京理工大学出版社有限责任公司
社　　址／北京市海淀区中关村南大街5号
邮　　编／100081
电　　话／（010）68914775（总编室）
（010）82562903（教材售后服务热线）
（010）68948351（其他图书服务热线）
网　　址／http://www.bitpress.com.cn
经　　销／全国各地新华书店
印　　刷／三河市中晟雅豪印务有限公司
开　　本／640毫米×965毫米　1/16
印　　张／12.5
字　　数／140千　　责任编辑／严志娟
版　　次／2010年7月第1版　2022年7月第2次印刷　　责任校对／陈玉梅
定　　价／39.80 元　　责任印制／李志强

图书出现印装质量问题，请拨打售后服务热线，本社负责调换